Band 214: W. Görke, H. Sörensen (Hrsg.), Fehlertolerierende Rechensysteme / Fault-Tolerant Computing Systems. 4. Internationale GI/ITG/GMA-Fachtagung, Baden-Baden, September 1989. Proceedings. XI, 390 Seiten. 1989.

Band 215: M. Bidjan-Irani, Qualität und Testbarkeit hochintegrierter Schaltungen. IX, 169 Seiten. 1989.

Band 216: D. Metzing (Hrsg.), GWAI-89. 13th German Workshop on Artificial Intelligence. Eringerfeld, September 1989. Proceedings. XII, 485 Seiten. 1989.

Band 217: M. Zieher, Kopplung von Rechnernetzen. XII, 218 Seiten. 1989.

Band 218: G. Stiege, J. S. Lie (Hrsg.), Messung, Modellierung und Bewertung von Rechensystemen und Netzen. 5. GI/ITG-Fachtagung, Braunschweig, September 1989. Proceedings. IX, 342 Seiten. 1989.

Band 219: H. Burkhardt, K. H. Höhne, B. Neumann (Hrsg.), Mustererkennung 1989. 11. DAGM-Symposium, Hamburg, Oktober 1989. Proceedings. XIX, 575 Seiten. 1989

Band 220: F. Stetter, W. Brauer (Hrsg.), Informatik und Schule 1989: Zukunftsperspektiven der Informatik für Schule und Ausbildung. GI-Fachtagung, München, November 1989. Proceedings. XI, 359 Seiten. 1989.

Band 221: H. Schelhowe (Hrsg.), Frauenwelt – Computerräume. GI-Fachtagung, Bremen, September 1989. Proceedings. XV, 284 Seiten. 1989.

Band 222: M. Paul (Hrsg.), GI – 19. Jahrestagung I. München, Oktober 1989. Proceedings. XVI, 717 Seiten. 1989.

Band 223: M. Paul (Hrsg.), GI – 19. Jahrestagung II. München, Oktober 1989. Proceedings. XVI, 719 Seiten. 1989.

Band 224: U. Voges, Software-Diversität und ihre Modellierung. VIII, 211 Seiten. 1989

Band 225: W. Stoll, Test von OSI-Protokollen. IX, 205 Seiten. 1989.

Band 226: F. Mattern, Verteilte Basisalgorithmen. IX, 285 Seiten. 1989.

Band 227: W. Brauer, C. Freksa (Hrsg.), Wissensbasierte Systeme. 3. Internationaler GI-Kongreß, München, Oktober 1989. Proceedings. X, 544 Seiten. 1989.

Band 228: A. Jaeschke, W. Geiger, B. Page (Hrsg.), Informatik im Umweltschutz. 4. Symposium, Karlsruhe, November 1989. Proceedings. XII, 452 Seiten. 1989.

Band 229: W. Coy, L. Bonsiepen, Erfahrung und Berechnung. Kritik der Expertensystemtechnik. VII, 209 Seiten. 1989.

Band 230: A. Bode, R. Dierstein, M. Göbel, A. Jaeschke (Hrsg.), Visualisierung von Umweltdaten in Supercomputersystemen. Karlsruhe, November 1989. Proceedings. XII, 116 Seiten. 1990.

Band 231: R. Henn, K. Stieger (Hrsg.), PEARL 89 – Workshop über Realzeitsysteme. 10. Fachtagung, Boppard, Dezember 1989. Proceedings. X, 243 Seiten. 1989.

Band 232: R. Loogen, Parallele Implementierung funktionaler Programmiersprachen. IX, 385 Seiten. 1990.

Band 233: S. Jablonski, Datenverwaltung in verteilten Systemen. XIII, 336 Seiten. 1990.

Band 234: A. Pfitzmann, Diensteintegrierende Kommunikationsnetze mit teilnehmerüberprüfbarem Datenschutz. XII, 343 Seiten. 1990.

Band 235: C. Feder, Ausnahmebehandlung in objektorientierten Programmiersprachen. IX, 250 Seiten. 1990.

Band 236: J. Stoll, Fehlertoleranz in verteilten Realzeitsystemen. IX, 200 Seiten. 1990.

Band 237: R. Grebe (Hrsg.), Parallele Datenverarbeitung mit dem Transputer. Aachen, September 1989. Proceedings. VIII, 241 Seiten. 1990.

Band 238: B. Endres-Niggemeyer, T. Hermann, A. Kobsa, D. Rösner (Hrsg.), Interaktion und Kommunikation mit dem Computer. Ulm, März 1989. Proceedings. VIII, 175 Seiten. 1990.

Band 239: K. Kansy, P. Wißkirchen (Hrsg.), Graphik und KI. Königswinter, April 1990. Proceedings. VII, 125 Seiten. 1990.

Band 240: D. Tavangarian, Flagorientierte Assoziativspeicher und -prozessoren. XII. 193 Seiten. 1990.

Band 241: A. Schill, Migrationssteuerung und Konfigurationsverwaltung für verteilte objektorientierte Anwendungen. IX, 174 Seiten. 1990.

Band 242: D. Wybranietz, Multicast-Kommunikation in verteilten Systemen. VIII, 191 Seiten. 1990.

Band 243: U. Hahn, Lexikalisch verteiltes Text-Parsing. X, 263 Seiten. 1990.

Band 244: B. R. Kämmerer, Sprecherunabhängigkeit und Sprecheradaption. VIII, 110 Seiten. 1990.

Band 245: C. Freksa, C. Habel (Hrsg.), Repräsentation und Verarbeitung räumlichen Wissens. VIII, 353 Seiten. 1990.

Band 246: Th. Bräunl, Massiv parallele Programmierung mit dem Parallaxis–Modell. XII, 168 Seiten. 1990

Band 247: H. Krumm, Funktionelle Analyse von Kommunikationsprotokollen. IX, 122 Seiten. 1990.

Band 248: G. Moerkotte, Inkonsistenzen in deduktiven Datenbanken. VIII, 141 Seiten. 1990.

Band 249: P. A. Gloor, N. A. Streitz (Hrsg.), Hypertext und Hypermedia. IX, 302 Seiten. 1990.

Band 250: H. W. Meuer (Hrsg.), SUPERCOMPUTER '90. Mannheim, Juni 1990. Proceedings. VIII, 209 Seiten. 1990.

Band 251: H. Marburger (Hrsg.), GWAI-90. 14th German Workshop on Artificial Intelligence. Eringerfeld, September 1990. Proceedings. X, 333 Seiten. 1990.

Band 252: G. Dorffner (Hrsg.), Konnektionismus in Artificial Intelligence und Kognitionsforschung. 6. Österreichische Artificial-Intelligence-Tagung (KONNAI), Salzburg, September 1990. Proceedings. VIII, 246 Seiten. 1990.

Band 253: W. Ameling (Hrsg.), ASST '90. 7. Aachener Symposium für Signaltheorie. Aachen, September 1990. Proceedings. XI, 332 Seiten. 1990.

Band 254: R. E. Großkopf (Hrsg.), Mustererkennung 1990. 12. DAGM-Symposium, Oberkochen-Aalen, September 1990. Proceedings. XXI, 686 Seiten. 1990.

Band 255: B. Reusch, (Hrsg.), Rechnergestützter Entwurf und Architektur mikroelektronischer Systeme. GME/GI/ITG-Fachtagung, Dortmund, Oktober 1990. Proceedings. X, 298 Seiten. 1990.

Band 256: W. Pillmann, A. Jaeschke (Hrsg.), Informatik für den Umweltschutz. 5. Symposium, Wien, September 1990. Proceedings. XV, 864 Seiten. 1990.

Band 257: A. Reuter (Hrsg.), GI – 20. Jahrestagung I. Stuttgart, Oktober 1990. Proceedings. XVIII, 602 Seiten. 1990.

Band 258: A. Reuter (Hrsg.), GI – 20. Jahrestagung II. Stuttgart, Oktober 1990. Proceedings. XVIII, 602 Seiten. 1990.

Band 259: H.-J. Friemel, G. Müller-Schönberger, A. Schütt (Hrsg.), Forum '90 Wissenschaft und Technik. Trier, Oktober 1990. Proceedings. XI, 532 Seiten. 1990.

Band 260: B. J. Frommherz, Ein Roboteraktionsplanungssystem. XI, 134 Seiten. 1990.

Informatik-Fachberichte 260

Herausgeber: W. Brauer
im Auftrag der Gesellschaft für Informatik (GI)

Subreihe Künstliche Intelligenz
Mitherausgeber: C. Freksa
in Zusammenarbeit mit dem Fachbereich 1
„Künstliche Intelligenz" der GI

Bernhard J. Frommherz

Ein Roboteraktions-
planungssystem

Springer-Verlag

Berlin Heidelberg New York London
Paris Tokyo Hong Kong Barcelona

Autor

Bernhard J. Frommherz
Moltkestr. 25, W-7500 Karlsruhe 1

CR Subject Classification (1987): I.2.8-9

ISBN 978-3-540-53401-3   ISBN 978-3-642-51150-9 (eBook)
DOI 10.1007/978-3-642-51150-9

2145/3140-543210 – Gedruckt auf säurefreiem Papier

Geleitwort

In den letzten Jahren wird vielerorts versucht, Systeme zur Automatisierung der Prozeßplanung und Montageplanung zu erforschen. Im Rahmen dieser Arbeiten wurde am Institut für Prozeßrechentechnik und Robotik (IPR) an der Universität Karlsruhe vor einigen Jahren als Teilprojekt des Sonderforschungsbereiches "Künstliche Intelligenz" mit dem Bau eines autonomen mobilen Zweiarmroboters, genannt KAMRO, begonnen. Dieser Roboter sollte in der Lage sein, aus einer abstrakten Beschreibung einer Montageaufgabe alle zur Durchführung notwendigen Schritte selbst zu planen und diese sensorüberwacht auszuführen. Das Planungssystem, das die Aufgabenbeschreibung in ein Netz aus elementaren Einzelaktionen überführt, bildete neben der Planausführungskomponente eine wichtige Säule des Gesamtsystems.

Der Planungsprozeß ist stark von dem Zusammenwirken vieler spezialisierter Teilkomponenten abhängig. Da keines der bekannten Planungssysteme diese Problematik ausreichend berücksichtigte, wurde eine neue Planungsmethode entwickelt und darüber hinaus eine Systemarchitektur, in die sich die verschiedenen Teilsysteme einbetten ließen.

Die vorliegende Arbeit befaßt sich hauptsächlich mit einem automatischen System zur Erstellung von Vorranggraphen, sie liefert aber auch ein Gesamtkonzept, das sowohl eine mögliche Planungsmethode als auch die dazu gehörige Architektur umfaßt. Die Arbeit gibt einen wertvollen Beitrag und sollte richtungsweisend für weitere Forschungsprojekte auf diesem Gebiet sein.

Karlsruhe, im September 1990   Prof. Dr.-Ing. U. Rembold

Vorwort

In der Literatur findet man zahlreiche Planungssysteme, die für verschiedenste Teilbereiche der Robotik entworfen wurden. Die Motivation dafür, sich im Rahmen einer Dissertation mit einem neuen Konzept eines Planungssystems zu befassen, lag u.a. darin, daß die vorhandenen Systeme auf das Problem der Umplanung nur unzureichend eingehen: Die frühen Planungssysteme umgehen das Problem völlig, d.h. es muß neu geplant werden, wenn sich der aktuelle Plan als unausführbar erweist. Andere versuchen, den ungültig gewordenen Plan lokal zu reparieren, was in vielen Fällen nur zu suboptimalen Plänen führt. Wieder andere versuchen, alle alternativen Pläne im voraus zu erzeugen und diese in einer geeigneten Datenstruktur abzulegen, was in der Praxis meist am Aufwand scheitert. In der Dissertation wurde daher ein neuer Weg beschritten: Der zu erstellende Plan wird durch ein heuristisches Suchverfahren bestimmt, durch das im Falle neu hinzukommender Restriktionen relativ schnell ein Ersatzplan gefunden werden kann.

Ich freue mich, daß meine Dissertation, die an der Universität Karlsruhe mit dem ursprünglichen Titel "Ein Konzept für ein Roboteraktionsplanungssystem" durchgeführt wurde, in Form des vorliegenden Buches erscheinen konnte, und möchte mich bei dieser Gelegenheit noch einmal bei all jenen bedanken, die mir dabei geholfen haben: Aus den fachlichen Diskussionen mit meinen beiden Betreuern, Herrn Prof. Dr.-Ing. U. Rembold (Institut für Prozeßrechentechnik und Robotik) und Herrn Prof. Dr. P. Deussen (Institut für Logik, Komplexität und Deduktionssysteme), ergaben sich wertvolle Anregungen und Hinweise für meine Arbeit. Ebenso danke ich meinen Kollegen am Institut für Prozeßrechentechnik und Robotik für ihre konstruktive Kritik. Besonders hervorheben möchte ich hierbei Frau Erika Beer, Herrn Andreas Hörmann und Herrn Gerhard Werling, die sich eingehend mit der Thematik der Arbeit befaßt und Korrektur gelesen haben. Mein Dank gilt nicht zuletzt auch den Studenten, die die Theorie in die Praxis umsetzten und die entsprechenden Systemteile auf dem Rechner implementierten. Die Zusammenarbeit mit ihnen war gleichermaßen erfreulich wie nützlich und hat wesentlich zum Erfolg der Arbeit beigetragen.

Karlsruhe, im September 1990   Bernhard Frommherz

Inhaltsverzeichnis

Kapitel 1

Einleitung

1.1 Motivation und Zielsetzung der Arbeit

Moderne Industrieroboter sind in Kombination mit Sensoren leistungsfähige und nahezu universelle Maschinen, die fast beliebige mechanische Arbeiten ausführen können. Die Möglichkeiten, welche diese Geräte bieten, können jedoch erst dann richtig genutzt werden, wenn sie über ein leistungsfähiges Programmiersystems verfügen. Prinzipiell unterscheidet man zwei Methoden der Roboterprogrammierung:

1. Bei der sogenannten *roboterorientierten* Programmierung erstellt der Benutzer das Programmgerüst, das die verschiedenen Kommandos an das Robotersystem enthält. Unabhängig davon werden die Parameter für die einzelnen Kommandos, wie z.B. zur Beschreibung der Bewegungsbahnen ebenfalls durch den Benutzer per Teach-in festgelegt.

2. Im Gegensatz dazu beschreibt der Benutzer bei der *aufgabenorientierten* Programmierung lediglich die Aufgabe und nicht die Aktionen, die zu ihrer Lösung notwendig sind. Er muß sich also bei der Aufgabenbeschreibung nicht damit befassen, wie die Aufgabe im einzelnen durchzuführen ist. Für die Transformation dieser Beschreibung in ein entsprechendes Roboterprogramm ist ein Roboteraktionsplanungssystem notwendig, das *implizit* mit Hilfe eines internen Umweltmodells die notwendige Aktionsplanung[1] und Detailplanung[2] durchführt.

---

[1] Festlegung der Programmstruktur
[2] Festlegung der Bewegungsprogramme

Planungssysteme zur Roboteraktionsplanung müssen eine Reihe von Anforderungen erfüllen, die von bisher realisierten Systemen nicht oder nur teilweise erfüllt werden:

1. Planungssysteme sollten ein "möglichst realistisches Umweltmodell" verwenden, da Montageaufgaben in der Praxis aus einer Menge komplizierter Bauteile bestehen. Viele der existierenden Planungssysteme[3] verwenden jedoch nur Objekte einfacher Geometrie[4] und betrachten nur einfache Anordnungen dieser Objekte. Dadurch bestehen zwischen den Objekten einfache Beziehungen, die relativ einfach in Form von Prädikaten beschrieben werden können. Ein Beispiel dafür stellt das Prädikat "ON" dar, das aussagen soll, daß sich ein Objekt "auf" einem anderen befindet. Bei realen Montageaufgaben, die aus komplizierten Bauteilen bestehen, herrschen meist sehr schwierige statische Verhältnisse, die mit Hilfe von Prädikaten nicht mehr beschrieben werden können. Und selbst wenn es gelingt, Axiome zu finden, die das gewünschte Prädikat so beschreiben, daß es bei den betrachteten Beispielen unseren Vorstellungen von "ON" entspricht, läßt sich deren allgemeine Gültigkeit nicht nachweisen. Der Ansatz der Prädikatenlogik, Objektbeziehungen der realen Welt durch Axiome zu beschreiben, eignet sich nach Auffassung des Autors daher nicht für die Planung realistischer Montageaufgaben.

2. Das während des Planungsprozesses abgeleitete Wissen sollte "modular" sein. D.h., Teile der Information, die bei der Planung einer bestimmten Montageaufgabe gewonnen wurde, sollten bei der Planung einer ähnlichen Aufgabe verwertbar sein. Ein Beispiel dafür ist das Zusammenbauen einer Montageaufgabe in anderer Lage. Die Wiederverwertbarkeit setzt voraus, daß die Information, die für die geänderte Aufgabe noch gilt, identifiziert werden kann. Bei vielen Planungssystemen wurde diesem Punkt keine ausreichende Beachtung geschenkt.

3. Der Planungsprozeß sollte möglichst "transparent" sein. Dies bedeutet, daß der Mensch die Möglichkeit haben soll, sich jederzeit Einblick in den Planungsverlauf zu verschaffen, um die einzelnen Planentscheidungen nachvollziehen zu können. Dies ist besonders dann von Bedeutung, wenn für die gestellte Aufgabe keine Lösung gefunden

---

[3]z.B. STRIPS ([12])
[4]Würfel, Quader, usw.

werden kann. Mit der vom Planungssystem gewonnenen Information
sollte es dem Menschen möglich sein, den Grund für die Unlösbarkeit
zu erkennen. Viele Planungssysteme sind jedoch ausschließlich dazu
konzipiert, für vorgegebene Aufgaben Pläne zu erzeugen und können
nicht dazu verwendet werden, die gestellte Aufgabe zu analysieren.

Das Planen im Bereich der automatischen Roboterprogrammierung ist ty-
pisch dafür, daß Festlegungen getroffen werden müssen, deren Tragweite
zum Zeitpunkt der Entscheidungsfindung noch gar nicht bekannt ist. Die
Konsequenzen von Planentscheidungen können jedoch unter Umständen
sehr weitreichend sein. Schlimmstenfalls kann sich bei der Festlegung des
letzten Planungsschrittes herausstellen, daß die erste Planentscheidung nicht
richtig war, so daß der gesamte Plan umgeworfen werden muß. Prinzipiell
steht also noch *kein* Planungsschritt fest, solange nicht *alle* Planungsschritte
feststehen. Daraus lassen sich zwei weitere Anforderungen ableiten:

4. Ein Planungssystem muß in der Lage sein, einen Alternativplan zu
   entwerfen, sobald eine Einschränkung bekannt wird, die in den bis
   dahin gültigen Plan nicht mitaufgenommen werden kann. Dabei sollte
   auf die bis dahin gemachten Kenntnisse aufgebaut werden können und
   nicht völlig neu geplant werden müssen.

5. Der Lösungsraum sollte nur dann eingeschränkt werden, wenn zwin-
   gende Gründe dafür vorliegen. Für die Festlegung der zeitlichen Ordnung der einzelnen Roboteraktionen bedeutet dies, daß eine feste Reihenfolge zweier Operationen nur dann vorgeschrieben werden sollte,
   wenn die Ausführung der Operationen in umgekehrter Reihenfolge
   nicht möglich ist. Eine willkürliche Einschränkung kann sonst nämlich
   dazu führen, daß der resultierende Plan nicht genügend Spielraum für
   Optimierungen läßt, oder aber überhaupt kein Plan gefunden werden
   kann. Dies führt zu dem Konzept der nichtlinearen Planung, bei dem
   die erzeugten Pläne eine netzartige Struktur aufweisen[5].

Das Ziel der vorliegenden Arbeit besteht darin, ein Konzept für ein Roboteraktionsplanungssystem zu entwickeln, das die fünf oben genannten Anforderungen berücksichtigt. Auf die Implementierung der einzelnen Systemteile soll nur kurz eingegangen werden.

---

[5]Der Ansatz, Festlegungen möglichst nur dann zu treffen, wenn genügend Informationen vorliegen, wird ebenfalls in den Planungssystemen NOAH ([43]) und MOLGEN
([47]) verwendet.

1.2 Das Prinzip des Planungssystems

Die Aufgabe eines Roboteraktionsplanungssystems besteht allgemein darin,
für eine gegebene Aufgabe einen Plan zu erzeugen, der von den gegebenen
Agenten[6] ausgeführt werden kann. Die gestellte Aufgabe kann dann dadurch erledigt werden, daß die Agenten den zuvor erzeugten Plan ausführen.
Jedes Planungssystem benötigt dazu

1. ein sogenanntes Umweltmodell, in dem eine Beschreibung aller Montageteile[7] und aller zur Verfügung stehender Agenten[8] enthalten sein
   muß. Dazu gehört insbesondere auch die Ausgangsanordnung[9].

2. eine Beschreibung der zu lösenden Aufgabe. Dies kann dadurch geschehen, daß man die gewünschte Zielanordnung[10] angibt.

Der erzeugte Plan muß folgende Informationen enthalten:

1. die Menge der von den Agenten auszuführenden Montageoperationen

   Die Bestimmung der Menge der auszuführenden Montageoperationen
   erfolgt implizit durch den Benutzer, der die Planungsaufgabe spezifiziert. Bei einfachen Montageaufgaben kann die Menge der auszuführenden Montageoperationen annäherungsweise dadurch festgelegt werden, daß man für jedes Teil eine "Pick-Operation"[11] und eine
   "Place-Operation"[12] vorsieht. Je nach Aufgabe kann es jedoch er-
   forderlich sein, zu dieser "Grundmenge" weitere Aktionen hinzuzu-
   nehmen, wenn beispielsweise ein Teil zwischengelagert werden muß.

2. die zeitliche Ordnung, in der die Aktionen ausgeführt werden sollen

   Die Reihenfolge, in der die einzelnen Montageoperationen ausgeführt
   werden sollen, wird durch eine Reihe von Randbedingungen beeinflußt. Diese Arbeit behandelt stellvertretend drei verschiedene Arten,
   nämlich:

---

[6]Roboter, Greifer, Zuführeinrichtungen, usw.

[7]Anzahl, Geometrie, aktuelle Lage, Gewicht, usw.

[8]Anzahl, Ort, aktuelle Konfiguration der Roboter, usw.

[9]Die Menge der sich in der Szene befindenden Montageteile zusammen mit ihren
Positionen vor Ausführung der Montageaufgabe

[10]Die Menge der sich in der Szene befindenden Montageteile zusammen mit ihren
Positionen nach Ausführung der Montageaufgabe?

[11]Montageteil holen

[12]Montageteil montieren

(a) das Durchdringungsverbot[13]

(b) die Stabilitätsforderung[14]

(c) die Robustheitsforderung[15]

Die Beachtung dieser Randbedingungen zwingt dazu, bestimmte Montageoperationen vor anderen ausführen zu müssen, damit die gewünschte Zielanordnung unter Einhaltung dieser Randbedingungen erreicht werden kann. Solche Einschränkungen bezüglich der Reihenfolge werden Vorrangrestriktionen[16] genannt und bilden die Grundlage zur Erzeugung des Aktionsplans[17]. Was bezüglich des Zusammenbaus der Zielanordnung gilt, kann entsprechend auf die Zerlegung der Ausgangsanordnung übertragen werden. D.h. dadurch, daß die Teile aus einer Ausgangsanordnung zu entnehmen sind, können weitere Vorrangrestriktionen entstehen.

3. eine Zuordnung der Agenten zu den einzelnen Montageoperationen

Falls nur ein Agent existiert, oder Montageoperationen jeweils nur von einem bestimmten der vorhandenen Agenten ausgeführt werden können, ist die Zuordnung von Agenten trivial. Falls mehrere Agenten existieren, welche die auszuführenden Montageoperationen ausführen können, kann eine Zuordnung nach unterschiedlichen Strategien[18] erfolgen. Die Wahl eines Agenten kann ebenfalls zu Vorrangrestriktionen führen und daher die Planstruktur mit beeinflußen. Als Beispiel sei ein Fall konstruiert, bei dem eine Menge von Bauteilen auf einem Tisch in einer Reihe dicht nebeneinander stehen. Diese sollen von einem Roboter gegriffen und in eine Kiste gelegt werden. Falls der Greifer die Teile nur seitlich greifen kann, können die Teile in der Mitte der Reihe erst dann in die Kiste gelegt werden, wenn die Teile am Rand entfernt sind. Somit entstehen durch den verwendeten Greifer Vorrangrestriktionen[19]. indem Regel 2.1 auf Greifer und Montageteile angewendet wird.

---

[13]s. Abschnitt 2.1.1
[14]s. Abschnitt 2.1.2
[15]s. Abschnitt 2.1.3
[16]s. Def. 2.1
[17]genauer gesagt: eines Vorranggraphen, der die Struktur des Aktionsplans darstellt
[18]gleichmäßige Auslastung der Agenten, maximaler Durchsatz, usw.
[19]Nimm Teile am Rand "vor" Teilen in der Mitte

4. Detailprogramme für die einzelnen Montageoperationen

Wenn feststeht, welcher Roboter eine Montageoperation ausführen
soll, muß geplant werden, *wie* die Aktion im einzelnen auszusehen
hat. Dazu gehören u.a. die Festlegung der Bahngeometrie[20] und der
Bahndynamik[21]. Prinzipiell können auch hier Vorrangrestriktionen
entstehen[22], da das Durchdringungsverbot natürlich auch für die Agenten gilt.

Die vorliegend Arbeit möchte nicht den Anspruch erheben, alle im Zusammenhang mit Roboteraktionsplanungsystemen auftretenden Probleme er-
schöpfend zu behandeln. Es wird jedoch ein Konzept vorgestellt, das die
Erzeugung von Roboteraktionsplänen als das Ergebnis eines engen Zusam-
menspiels verschiedener Subplanungssysteme[23] betrachtet, die über eine
gemeinsame Datenstruktur kommunizieren. Diesen Modulen können die
folgenden Planungsphasen zugeordnet werden:

1. Spezifikation der Montageaufgabe

2. Analyse der Montageaufgabe

3. Detaillierung der Montageoperationen

4. Analyse der Ausführung des Montageplans

Es wird die Notwendigkeit gezeigt, daß diese alle die zeitliche Struktur des
zu erzeugenden Montageplans mitbeeinflussen können müssen, um eine ef-
fektive Planung zu ermöglichen. Die grundlegende Informationseinheit zur
Ermittlung der Struktur stellt die sogenannte Vorrangrestriktion dar[24]. Die
vorliegende Arbeit konzentriert sich in erster Linie auf die Ableitung solcher
Vorrangrestriktionen und geht nicht weiter auf die Planung von Detailpro-
grammen wie z.B. Roboterbewegungen ein. In jeder der vier genannten
Planungsphasen[25] ist es prinzipiell möglich, Vorrangrestriktionen zu entdecken. Alle im Lauf des Planungsprozesses erkannten Vorrangrestriktionen

---

[20]zur Vermeidung von Kollisionen mit Objekten der Umgebung
[21]Geschwindigkeit, maximale Beschleunigung, usw.
[22]s. Abschnitt 2.3.2
[23]Diese können vollautomatisch, teilautomatisch oder gänzlich interaktiv ablaufen.
[24]s. 2.1
[25]Durch die Analyse der Ausführung können weitere Informationen abgeleitet werden,
durch die der Plan verfeinert wird.

werden von einem zentralen Synthesemodul verwaltet, und von diesem in
einen möglichst günstigen Montageplan umgewandelt, der in Form eines
sogenannten Vorranggraphen[26] dargestellt wird. Das Problem bei der Synthese liegt darin, daß die Vorrangrestriktionen meist nicht einzeln, sondern
in sogenannten Sätzen[27] vorliegen, die zahlreiche Alternativen beinhalten
können. Der gesuchte Lösungsgraph muß daher u.U. aus einer sehr großen
Menge möglicher Kombinationen ausgewählt werden. In dieser Arbeit wird
eine Bewertungsfunktion für Vorranggraphen entwickelt, die es ermöglicht,
den Lösungsgraphen mit Hilfe eines heuristischen Suchverfahrens zu ermit-
teln.

1.3 Einordnung in verwandte Arbeiten

In diesem Abschnitt sollen die verwandten Themengebieten abgegrenzt werden. Dies betrifft zum einen die mehr theoretisch orientierten Arbeiten aus
dem Bereich der Künstliche Intelligenz, wo das Planen als grundlegende
Technik untersucht wurde. Demgegenüber steht das praxisbezogene Gebiet
der Montageplanung, wo sehr viele unterschiedliche Planungsgrößen festgelegt werden müssen. Zwischen diesen beiden Gebieten befindet sich ein
weiterer verwandter Themenbereich: Planungssysteme in der Robotik.

1.3.1 Planungssysteme der Künstlichen Intelligenz

Die zahlreichen Arbeiten auf dem Gebiet der Künstlichen Intelligenz, die
sich mit der Planung von Aktionsfolgen beschäftigen, befassen sich häufig
mit der Aufgabe, aus einer gegebenen Anordnung von Bauklötzen eine bestimmte andere Anordnung zu erzeugen. Es werden dabei Pläne erzeugt, die
für die Ausführung durch einen Roboter gedacht sind, d.h. durch Ausführen
des Plans erledigt der Roboter die gestellte Aufgabe. Die Welt, in der sich
die Aktionen abspielen, ist zum Teil real vorhanden[28], in den meisten Fällen
jedoch nur simuliert, wodurch zahlreiche, in der Praxis vorkommende Teilprobleme außer Acht gelassen werden.

Die existierenden Planungssysteme lassen sich nach verschiedenen Gesichts-
punkten klassifizieren:

---

[26]s. Def. 2.2
[27]s. Def. 2.3
[28]z.B. bei dem mobilen Roboter Shakey ([31])

- vollständige Pläne / nicht-vollständige Pläne

  Die meisten Planungssysteme erzeugen vollständige Pläne zur Lösung
  der gestellten Aufgabe. Es gibt jedoch auch den Ansatz, nur Teilpläne
  zu erzeugen und diese sofort ausführen[29]. Planung und Ausführung
  werden dabei als verzahnte Prozesse betrachtet. Primitive Teile der
  Aufgabe werden sofort ausgeführt, während nichtprimitive Teile durch
  einen Planungsprozeß in primitive Operationen zerlegt werden. Diese
  Vorgehensweise wird als inkrementell bezeichnet. Sie hat sich in der
  Praxis nicht bewährt, da durch die vorzeitige Ausführung die gestellte
  Aufgabe komplizierter oder sogar unlösbar werden kann, und somit
  Aktionen wieder zurückgenommen werden müssen. Man muß da-
  her fordern, daß Roboteraktionsplanungssysteme vollständige Pläne
  erzeugen müssen.

- lineare Pläne / nicht-lineare Pläne

  Ein weiteres Klassifikationsmerkmal betrachtet die Struktur der erzeugten Pläne. Bei der linearen Planung besteht das Ergebnis aus
  einer Sequenz von Einzelaktionen. Das gestellte Problem wird in
  eine Menge von Teilproblemen zerteilt, in der Annahme, das Gesamtproblem dadurch lösen zu können, daß man nacheinander die Lösungen der Teilprobleme ausführt[30]. Das Hauptproblem, das bei dieser
  Planungsweise auftreten kann, wird als Interferenzproblem bezeichnet. Da die einzelnen Teilpläne meistens nicht unabhängig sind, kann
  durch die Ausführung eines Teilplans die Ausführung eines anderen
  unmöglich geworden sein. Abb. 1.1 zeigt ein einfaches Beispiel[31],

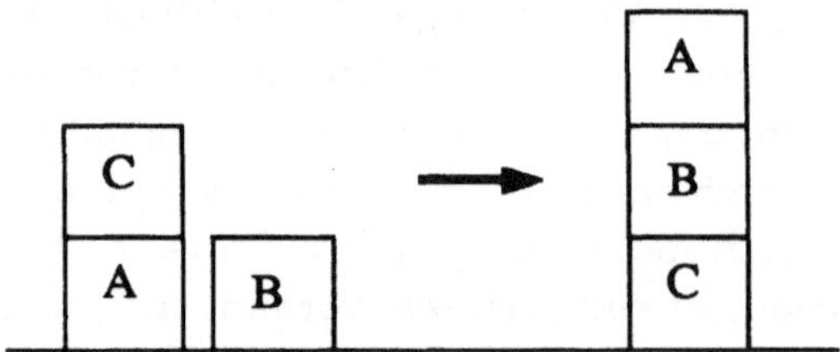

Abb. 1.1: Bsp. 1: "Baue Turm" (Ausgangs- und Zielanordnung)

---

[29]Dieser wurde beispielsweise bei dem Planungssystem NASL ([34]) verfolgt.

[30]Der klassische Vertreter dieser Systeme ist STRIPS [12], die Planungskomponente
des mobilen Roboters" Shakey"

[31]aus [3]

bei dem sich die Teilziele "Setze A auf B" und "Setze B auf C" gegenseitig beeinflußen. Über die Behandlung solcher Abhängigkeiten existieren zahlreiche Arbeiten. Die Vorgehensweise bei STRIPS besteht darin, den Plan für das Gesamtproblem an den Interaktionsstellen nachträglich zu "reparieren", indem man die zerstörten Teilziele wiederherstellt. Dies kann jedoch zu umständlichen Lösungswegen führen. So erzeugt es beispielsweise für die Aufgabe aus Abb. 1.1 die Sequenz:

$$
\begin{array}{rl}
1 & \text{Entferne } C \text{ von } A \\
2 & \text{Stelle } C \text{ auf den Tisch} \\
3 & \text{Nimm } A \\
4 & \text{Stelle } A \text{ auf } B \\
5 & \text{Entferne } A \text{ von } B \\
6 & \text{Stelle } A \text{ auf den Tisch} \\
7 & \text{Nimm } B \\
8 & \text{Stelle } B \text{ auf } C \\
9 & \text{Nimm } A \\
10 & \text{Stelle } A \text{ auf } B
\end{array}
$$

Wie man sehen kann, stellt der vierte Planschritt eine Fehlentscheidung dar, die durch den fünften wieder rückgängig gemacht werden muß. Bei der Planungskomponente von HACKER[32] wird der Ansatz verfolgt, störende Interaktionen durch Permutieren von Teilplänen zu beseitigen. Bei einem anderen Verfahren[33] werden die verschiedenen Teilpläne von vornherein so in den Gesamtplan eingebaut, daß möglichst keine Interaktionen entstehen.

Eine andere Lösungsmöglichkeit für das Interaktionsproblem ist durch die Strategie der nicht-linearen Planung[34] gegeben. Dort geht man davon aus, daß die zeitliche Ordnung der Operationen grundsätzlich frei ist, es sei denn, daß sie zur Vermeidung von Interaktionen eingeschränkt werden muß. Dadurch wird das Interaktionsproblem bereits während der Planung berücksichtigt, im Gegensatz zur linearen Planung, bei der Interaktionen erst nachträglich behandelt werden. Durch diese Strategie wird gleichzeitig der zweite Nachteil der

---

[32]s. [48]

[33]s. [50]

[34]Klassische Vertreter für Planungssysteme, die nichtlineare Pläne erzeugen, sind NOAH [43] und NONLIN [49].

linearen Planungsmethode beseitigt, der in der Überbeschränkung des Plans besteht. Häufig sind Aufgabenstellungen prinzipiell nicht sequentiell, d.h., Teile des Lösungswegs können in beliebiger Reihenfolge ausgeführt werden. Soll ein sequentialisierter Plan also beispielsweise von zwei Robotern parallel ausgeführt werden, muß man vorher getroffene Linearisierungen, die willkürlich festgelegt wurden, wieder zurücknehmen, was sehr uneffektiv ist.

- alternative Pläne

  Ein wichtiges Bewertungskriterium für Planungssysteme stellt die Fähigkeit dar, erzeugte Teilpläne zu verwerfen und Alternativen zu entwickeln. Das NOAH-System ist beispielsweise nicht in der Lage, einmal getroffene Planentscheidungen zurückzunehmen. Dies ist aber auch bei sorgfältigster Analyse der Abhängigkeiten oft notwendig. Das genannte NONLIN-System unterscheidet sich von NOAH in erster Linie durch diese Fähigkeit.

- einstufiges Planen / mehrstufiges Planen

  Ein weiteres Klassifikationsmerkmal für Planungsmethoden betrifft die Anzahl der verschiedenen Abstraktionsebenen[35]. Bei einem einstufigen Ansatz wird versucht, einen detaillierten Plan "in einem Zug" zu erstellen. Das bedeutet allerdings, daß sich das Planungssystem bereits zu einem Zeitpunkt um Details kümmern muß, zu dem es noch gar nicht wissen kann, ob der bis dahin eingeschlagene Weg überhaupt zu einer Lösung führt. Diese Vorgehensweise ist für Planungsprobleme in komplexen Welten nicht anwendbar, da zuviel Zeit für die Planung von Details verwendet wird, die später gar nicht zur Ausführung gelangen. Dies führt zum Konzept der mehrstufigen Planung, bei dem das gegebene Problem erst auf einer groben Ebene gelöst wird, um anschließend den Lösungsweg, der am vielversprechendsten ist, auf einer niedrigeren Abstraktionsebene detaillierter zu planen. In der Literatur wird dabei unterschieden, ob bezüglich der modellierten Welt oder der modellierten Aktionen verschiedene Abstraktionsebenen verwendet werden.

---

[35]Stellvertretend für die Klasse der Planungssysteme, bei denen Situationen abstrahiert werden, soll hier ABSTRIPS [44] genannt werden. Eine Abstraktion der auszuführenden Aktionen wird hingegen von NOAH [43] durchgeführt. In MOLGEN [47] werden beide Abstraktionsarten verwendet.

- Planen "in die richtige Richtung"

  Wichtig ist auch, daß bei der Planung auf einer höheren Ebene bereits
  "in die richtige Richtung" geplant wird, so daß der Vorteil, den man
  durch die Abstrahierung gewinnt, nicht durch aufwendiges Rücksetzen wieder zunichte gemacht wird. Daraus lassen sich zwei Schlüsse
  ziehen:

  1. Es muß bei der Auswahl des zu verfeinernden Plans ein Bewertungskriterium zur Verfügung stehen, damit ein günstiger Plan
     ausgewählt und dadurch schnell ein vollständiger Plan erreicht
     wird.

  2. Es muß für den Fall, daß ein Rücksetzen notwendig wird, mitgeteilt werden, warum ein Weiterplanen in der eingeschlagenen
     Richtung nicht möglich ist[36].

Bei dem Entwurf des Roboteraktionsplanungssystems, das in dieser Arbeit vorgestellt wird, wurden teilweise Konzepte von KI-Planungssystemen
übernommen. Das System erzeugt vollständige, nicht-lineare Pläne. Es
ist in der Lage, alternative Pläne zu entwerfen, ohne völlig neu planen zu
müssen, und unterstützt mehrstufiges Planen.

1.3.2 Planungssysteme der Robotik

Bei den Blocksworld-Planungssystemen der Künstlichen Intelligenz wurde
der Schwerpunkt in erster Linie auf die allgemeine Art des Problemlösens
gelegt. Im Gegensatz dazu wird gegenwärtig an der Entwicklung einer
ganzen Reihe von Roboterplanungssystemen[37] gearbeitet, die sich speziell
auf Robotikprobleme konzentrieren. Ein langfristiges Ziel besteht jeweils
darin, für einen realen Roboter und eine gegebene Montageaufgabe ein Programm zu generieren, das der Roboter ausführen kann. Die Problematik ist äußerst komplex, selbst wenn man Unsicherheiten, die während der
Ausführung entstehen, außer acht läßt. Alle Systeme behandeln deshalb
jeweils auch nur Teilaspekte[38]. Dabei wird die Montagereihenfolge nicht
geplant, sondern als vorgegeben betrachtet[39]. Es wird daher auch nicht

---

[36]Dies ist bei einigen Planungssystemen, wie beispielsweise ABSTRIPS, nicht der Fall.
[37]siehe [25], [26], [27], [38]
[38]Greifplanung, Grobbewegungsplanung, Feinbewegungsplanung, usw.
[39]durch den Benutzer oder durch ein Montageplanungssystem

berücksichtigt, daß die Planungsergebnisse der verschiedenen Module Einfluß auf die Reihenfolge der Roboteraktionen haben können. Denn einerseits hat die Montagereihenfolge Einfluß darauf, wie zum Zeitpunkt einer Aktion die Szene[40] aussieht und hat damit indirekt Einfluß auf die Detailplanung der Aktion. Andererseits kann die Detailplanung einer Montageoperation zu einer Vorrangrestriktion führen[41] und damit die Montagereihenfolge beeinflussen. Im Gegensatz dazu wurde in der vorliegenden Arbeit die Erzeugung der Planstruktur und die Planung der einzelnen Montageoperationen als eng kooperierende Module betrachtet, die gemeinsam an der Planerstellung beteiligt sind.

1.3.3 Die traditionelle Montageplanung

Bei der traditionellen Montageplanung wird unter einer Montage allgemein der Zusammenbau von Systemen höherer Komplexität aus Systemen niedriger Komplexität verstanden. Die Montageplanung wird dabei als eng verflochten mit den Bereichen Konstruktion, Arbeitsvorbereitung und Fertigung betrachtet. Außerdem werden Aspekte der Qualitätssicherung und Instandhaltung mitberücksichtigt. Der Montageplanung selbst werden die folgenden Aufgaben zugeordnet[42]:

- Festlegung des Montagesystems durch Strukturierung der Montage und Arbeitsplatzgestaltung

- Bestimmung des Montageablaufs durch Erzeugnisgliederung und Montagevorgangsplanung

- Ermittlung der Montagemittel (Werkzeuge, Maschinen, usw.)

- Ermittlung der Montagezeiten (Vorgabezeiten und Planzeitwerten)

- Ermittlung des Bedarfs an Montagemitteln und Arbeitskräften

- Ermittlung der Kosten aus Montagemittelkosten und Lohnkosten

---

[40]Manche Teile befinden sich noch an ihrer Ausgangsposition, andere sind bereits montiert.

[41]siehe dazu auch Kapitel 1.3.3

[42]nach [1]

Die gegebene Planungsproblematik führte zu einer Reihe unterschiedlicher Planungssystematiken[43]. In [28] wird folgender systematischer Planungsablauf für die Montageplanung eines komplexen Produkts vorgeschlagen, um von einem gegebenen Montageproblem zu einem Montagesystem zu gelangen:

1. Aus der Beschreibung der Montageaufgabe wird die Produktstruktur festgelegt, d.h. die Unterteilung in Baugruppen, Unterbaugruppen, usw. Dies geschieht in enger Zusammenarbeit mit der Konstruktion.

2. Basierend auf der Produktstruktur wird nun die Montagevorgangsfolge ermittelt. Diese umfaßt Art und Umfang der benötigten Operationen sowie ihre zeitliche Reihenfolge. Dieser Vorgang wird dann für die einzelnen Baugruppen wiederholt, bis ein ausreichender Detaillierungsgrad erreicht ist.

3. Als nächstes wird die Struktur des gesamten Montageprozesses festgelegt. Dazu werden Teile der Montagevorgangsfolge zu definierten Abschnitten zusammengefaßt. Daher spiegelt die Struktur des Montageprozesses i.a. die Struktur des zu montierenden Produkts wider.

4. Wenn der Montageprozeß festgelegt ist, kann die Struktur des Montagesystems festgelegt werden. Dies erreicht man dadurch, daß man jedem Abschnitt des Montageprozesses ein Teilsystem zuordnet, das die entsprechende Arbeit verrichtet. Somit basiert letztlich auch die Struktur des Montagesystems auf der Produktstruktur.

5. Nun werden die Organisationsformen der einzelnen Montageteilsysteme festgelegt. Aufgrund verschiedener Kriterien wird entschieden, ob die Montageobjekte oder die Arbeitsplätze stationär oder aber beweglich sind. Ausschlaggebend ist dabei hauptsächlich die Transportierbarkeit der Objekte bzw. der Arbeitsplätze.

6. Zur Vermeidung von Fehlinvestitionen folgt nun ein Wirtschaftlichkeitsvergleich und eine Bewertung alternativer Montagesysteme.

Aus dem oben gesagten kann man ersehen, daß sich die Planungsproblematik bei der industriellen Montageplanung auf viele verschiedene Teilbereiche erstreckt, zwischen denen zahlreiche, starke Abhängigkeiten existieren.

---

[43]Ein Überblick befindet sich in [46].

Das Ziel der Planung besteht darin, allgemein eine Lösung für die gestellte
Montageaufgabe zu finden und die in den verschiedenen Problemkreisen
auftretenden Anforderungen sorgfältig aufeinander abzustimmen.

Im Gegensatz dazu wurde in der vorliegenden Arbeit davon ausgegangen,
daß sich die Montageteile in einer bestimmten Ausgangsanordnung befinden
und daß Menge und Art der ausführenden Agenten vorgegeben sind. Dadurch ergibt sich ein anderes Planungsziel und eine andere Vorgehensweise.
Bei der Darstellung von Montageabläufen existieren jedoch die gleichen Probleme und z.T. ähnliche Lösungsansätze. Es soll deshalb auf drei derzeit
gebräuchliche Darstellungsarten eingegangen werden:

- Vorranggraphen[44]

  In der traditionellen Montageplanung werden ebenfalls häufig Vorranggraphen eingesetzt, die verglichen mit der hier verwendeten Form
  über zusätzliche Erweiterungen verfügen. Vorranggraphen sind sehr
  übersichtlich, haben jedoch den Nachteil, daß sie alternativ geltende
  Mengen von Vorrangrestriktionen nicht darzustellen können. So kann
  beispielsweise die Forderung, daß die Montageoperation 3 entweder
  vor der Montageoperation 4 oder vor der Montageoperation 5 stattfinden muß, nicht korrekt in *einem* Vorranggraphen dargestellt werden. Möchte man dennoch Vorranggraphen zur Beschreibung von Ar-
  beitsabläufen verwenden, ohne derartige Einschränkungen hinnehmen
  zu wollen, ist man gezwungen, eine Menge alternativ geltender Graphen zu verwenden[45].

- UND/ODER-Graphen

  Die systematische Darstellung aller Montagealternativen mit Hilfe eines UND/ODER-Graphen[46], ist für reale Montageaufgaben aufgrund
  der kombinatorischen Vielfalt nicht verwendbar. Außerdem ist die
  Darstellungsform bereits für kleinere Montageaufgaben sehr unübersichtlich.

- Zustandsübergangsdiagramme

  "Zustandsübergangsdiagramme"[47] sind Graphen, deren Knoten die
  möglichen Montagezustände repräsentieren. Der oberste Knoten (Ebe-

---

[44]siehe auch Def. 2.2
[45]s. [7]
[46]s. [18]
[47]s. [55]

ne 0) bezeichnet den Ausgangszustand[48], Auf Ebene 1 befinden sich alle Montagezustände, bei denen ein Bauteil montiert ist, auf Ebene 2 befinden sich alle Montagezustände, bei denen zwei Bauteile montiert sind, usw. Für eine n-teilige Montageaufgabe ergeben sich daher $n + 1$ Ebenen und 2^n Knoten. Die Kanten verbinden jeweils Knoten benachbarter Ebenen. Eine Kante steht für eine Montageoperation, durch die ein Zustand auf Ebene i in einen Zustand auf Ebene i+1 überführt wird[49]. Sie enthalten *alle* alternativen Montagesequenzen für ein zu montierendes Produkt. Aus dieser Menge muß dann eine Lösung ausgewählt werden. Jedoch werden diese Diagramme bereits bei kleineren Montageaufgaben unübersichtlich, so daß der Mensch nur mit Hilfe eines Rechners eine günstige Montagereihenfolge finden kann.

Das Planungssystem, das in der vorliegenden Arbeit vorgestellt wird, verwendet Vorranggraphen zur Darstellung *eines* Montageablaufs. Alternative Montageabläufe werden nicht explizit dargestellt. Wenn der gültige Plan aufgrund einer neuen Vorrangrestriktion ungünstig oder unausführbar wird, erzeugt das Synthesemodul einen alternativen Plan[50], in dem die neue Vorrangrestriktion berücksichtigt wird.

1.4 Abgrenzung des Problemkreises

Die Erfahrungen, die bisher bei der Konstruktion von Planungssystemen gemacht wurden, haben gezeigt[51] daß man den Problemkreis auf eine bestimmte Klasse von Problemen beschränken muß, um die Komplexität der Systeme beherrschen zu können. Um die Funktionsweise des Systems deutlicher darstellen zu können, wurden verschiedene Vereinfachungen festgelegt. Diese stellen jedoch keine prinzipielle Einschränkungen dar.

---

[48]alle Bauteile befinden sich noch der Ausgangsanordnung

[49]Da die Form der Diagramme an geschliffene Diamanten erinnert, werden sie auch als "Diamantendiagramme" bezeichnet s. z.B. Abb. 2.4

[50]falls vorhanden, andernfalls wird die Menge der unverträglichen Vorrangrestriktionen angezeigt

[51]Dies wurde auch durch die Entwicklung des GPS-Systems deutlich, einem Programm aus dem Jahre 1959, das ursprünglich zur Lösung allgemeiner Probleme entworfen wurde.

1. Die vorliegende Arbeit beschränkt sich auf die Planung von Montageaufgaben[52], die von Robotern ausgeführt werden sollen.

2. Es werden nur zwei *einfache* Arten von Montageoperationen betrachtet, nämlich Pick-Operationen (Montageteil von seiner Ausgangsposition holen) und Place-Operationen (Montageteil an seine Zielposition
   bringen).

3. Die betrachteten Montageprobleme sollen *monoton* sein, d.h., die Montageaufgabe soll ausschließlich durch Hinzufügen von Einzelteilen erledigt werden können. wenn während der Montage stützende Hilfs-
   objekte (z.B. ein Gerüst) hinzugefügt und später wieder entfernt werden müssen.   Abb. 1.2 zeigt eine nicht-monotone Montageaufgabe.
   Der Zielzustand (e) kann nur mit Hilfe eines stützenden Hilfsobjekts
   (schraffiertes Objekt) erreicht werden, das danach wieder entfernt werden muß.

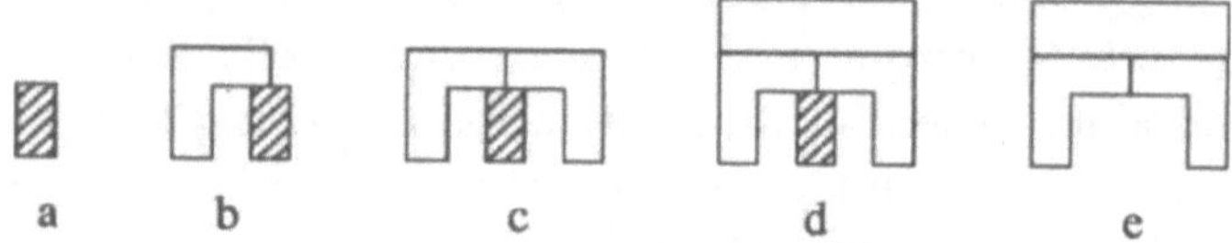

Abb. 1.2: Bsp. 2: Eine "nicht-monotone" Aufgabe (5 Zustände)

4. Es sollen nur *umkehrbare* Montageoperationen vorkommen, d.h., zu
   einer gegebenen Montageoperation ω, die von einem Zustand S_i zu einem Zustand S_{i+1} führt, soll eine inverse Montageoperation ω^{-1} existieren, die vom Zustand S_{i+1} zum Zustand S_i zurückführt. Wenn
   also eine Montageaufgabe durch die Folge von Operationen $\omega_1\ \omega_2\ \omega_3$
   montiert werden kann, so kann sie auch in der Folge von Operati-
   onen $\omega_3^{-1}\ \omega_2^{-1}\ \omega_1^{-1}$ demontiert werden und umgekehrt. Die Umkehrbarkeit setzt voraus, daß keine Seiteneffekte[53] vorkommen, die ein
   Wiederentfernen eines gefügten Bauteils verhindern. Außerdem sind
   nur einfache[54] Verbindungen zwischen den Einzelteilen zugelassen.

5. Es werden nur Montageaufgaben betrachtet, die durch Montieren einzelner Bauteile erzeugt werden können. Die Montage von ganzen Baugruppen wird also ausgeschlossen.

---

[52]genauer gesagt, auf einfache Fügeaufgaben
[53]wie beispielsweise das Einrasten einer Sperre
[54]d.h. wieder lösbare Verbindungen

Kapitel 2

Die Ableitung von Vorrangrestriktionen

In diesem Kapitel wird beschrieben, wie man Vorrangrestriktionen ableiten kann, durch welche die zeitliche Ordnung der auszuführenden Montageoperationen festgelegt werden. Da Vorrangrestriktionen und Vorranggraphen in dieser Arbeit zentrale Begriffe darstellen, sollen diese nun definiert werden:

Definition 2.1 *Gegeben sei eine Menge $\Omega = \{\omega_1, \ldots, \omega_n\}$ von n Montageoperationen (Instanzen). Der Beginn der i-ten Operation sei zum Zeitpunkt t_{bi}, das Ende zum Zeitpunkt t_{ei}. Die Zeitdauer der Operationen sei endlich und größer 0, d.h. es gilt $\forall\ \omega_i \in \Omega\ :\ 0 < t_{ei} - t_{bi} < \infty$. Die Relation[1] $\Pi \subseteq \Omega^2$ wird definiert durch*

$$\Pi := \{(\omega_i, \omega_j) \in \Omega \times \Omega | t_{ei} < t_{aj}\}$$

Es soll im Folgenden jedoch die Präfixnotation verwendet werden, also

$$\pi(\omega_i, \omega_j) \equiv (\omega_i, \omega_j) \in \Pi$$

Die Forderung, daß $\pi(\omega_1, \omega_2)$ gelten soll, wird als "Vorrangrestriktion" zwischen den Operationen ω_1 und ω_2 bezeichnet.

Definition 2.2 *Unter einem "Vorranggraphen" $G = (\Omega, \Pi)$ versteht man einen gerichteten, schleifenfreien Graphen mit einer nicht-leeren Menge von Montageoperationen als Knotenmenge Ω und einer Menge von Vorrangrestriktionen über Ω als Kantenmenge Π.*

---

[1]Es handelt sich hierbei um eine strenge Ordnungsrelation, da sie sowohl transitiv, als auch streng antisymmetrisch ist. Daraus folgt auch, daß sie nicht reflexiv sein kann, da eine Montageoperation nicht sich selbst als notwendigen Vorgänger haben kann.

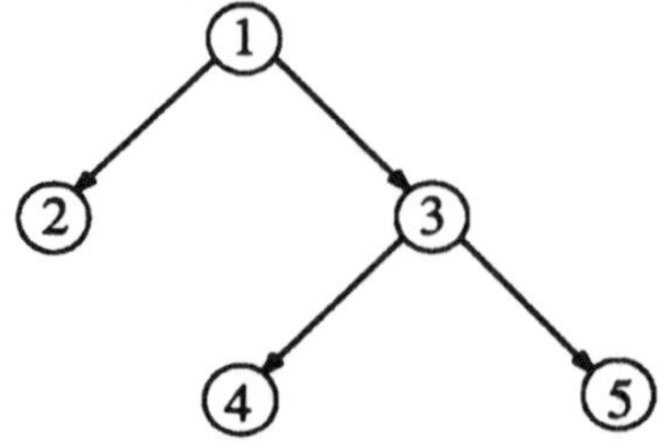

Abb. 2.1: Ein Vorranggraph mit fünf Montageoperationen

Wegen der strengen Antisymmetrie und Transitivität der Vorrangrestriktion müssen Vorranggraphen, die ausführbar sein sollen, zyklenfrei sein.

Vorranggraphen legen die Ordnung der Montageoperationen i.a. nur teilweise fest. Die zeitliche Folge der Montageoperationen, die auf einem Kantenzug liegen, ist genau bestimmt, während über die Reihenfolge von Montageoperationen paralleler Zweige nichts ausgesagt ist. Abb. 2.1 zeigt einen einfachen Vorranggraphen, in dem fünf Montageoperationen enthalten sind[2]. Er legt die Reihenfolge nur für Teilmengen der Montageoperationen fest, nämlich für $\{1,2\}, \{1,3,4\}$ und $\{1,3,5\}$. Die Reihenfolge der Paare $\{2,3\}, \{2,4\}, \{2,5\}$ und $\{4,5\}$ ist jedoch offen.

Es existieren eine Reihe von Randbedingungen, die zu Vorrangrestriktionen führen können, die zum Teil einzeln, zum Teil aber auch in Mengen auftreten. Unter bestimmten Umständen können sogar mehrere solcher Mengen entstehen, die jedoch als alternativ zu betrachten sind. Um diese Verhältnisse besser beschreiben zu können, soll deshalb der Begriff des "Satzes" eingeführt werden.

Definition 2.3 *Unter einem "Satz $\widetilde{M}^{\vee}$" soll eine Menge*

$$\widetilde{M}^{\vee} = \{M_1^{\wedge}, M_2^{\wedge}, \ldots, M_m^{\wedge}\}$$

verstanden werden, wobei m eine natürliche Zahl ≥ 1 darstellt und

$$M_i^{\wedge} = \{\pi(\omega_{i1}, \omega_{i1}'), \ldots, \pi(\omega_{in_i}, \omega_{in_i}')\}, \quad i \in \{1, \ldots, m\}$$

eine n_i-elementige Menge von Vorrangrestriktionen. Dabei repräsentieren die Elemente $\pi(\omega_{ij}, \omega_{ij}')$, $j \in \{1, \ldots, n_i\}$ Vorrangrestriktionen[3] zwischen

---

[2]Zur Vereinfachung der Darstellung wurden hierbei die Kanten weggelassen, die sich aus der Transitivität ergeben.

[3]s. Def. 2.1

den Montageoperationen ω_{ij} und ω'_{ij} aus Ω. Die in den verschiedenen $M_i^\wedge$ enthaltenen Vorrangrestriktionen sind konjunktiv zu verknüpfen, die in $\widetilde{M}^\vee$ enthaltenen Mengen von Vorrangrestriktionen hingegen disjunktiv[4].

Es werden im Folgenden drei[5] Randbedingungen vorgestellt, nämlich das Durchdringungsverbot, die Stabilitätsforderung und die Robustheitsforderung (Verbot von Seiteneffekten). Dazu werden jeweils Regeln aufgestellt, mit denen direkt Vorrangrestriktionen gewonnen werden können, indem sie auf signifikante Bauteilanordnungen angewendet werden. Dazu gehören die Ausgangsanordnung[6] und die Zielanordnung[7]. Es können jedoch u.U. noch weitere Vorrangrestriktionen erkannt werden, wenn gleichzeitig Ausgangs- und Zielanordnung betrachtet werden, da Wechselwirkungen zwischen Teilen in Ausgangsposition mit Teilen in Zielposition existieren können.

Um die Anwendung der einzelnen Regeln praktisch zu untermauern, werden einfache 2D-Montagebeispiele untersucht. Ein etwas umfangreicheres Montagebeispiel befindet sich im Anhang.

2.1 Betrachtung einer Montageanordnung

Dieses Kapitel behandelt Vorrangrestriktionen, die ausschließlich aufgrund der gegebenen Montageaufgabe entstehen[8].

2.1.1 Das Durchdringungsverbot

Abb. 2.2 zeigt eine einfache Anordnung aus zwei Bauteilen, die charakteristisch für das Auftreten einer bestimmten Klasse von Vorrangrestriktionen ist. Zu montieren sei ein Block, über dem eine Abdeckung angebracht werden muß. Die Operationsmenge für diese Aufgabe besteht aus den beiden Montageoperationen[9] *Block*$^+$ und *Abdeckung*$^+$. Offensichtlich wird der

---

[4]Dies soll durch ein hochgestelltes ODER-Symbol ($\vee$) bzw. UND-Symbol ($\wedge$) ausgedrückt werden.

[5]Die Anzahl solcher Randbedingungen ist prinzipiell jedoch nicht beschränkt.

[6]Die Teile befinden sich in ihrer Ausgangsposition, also z.B. in den Zuführeinrichtungen

[7]Die Teile befinden sich an den gewünschte Zielpositionen

[8]also nicht aufgrund der verwendeten Werkzeuge

[9]Mit dem hochgestellten Pluszeichen soll ausgedrückt werden, daß es sich um eine Place-Operation handelt.

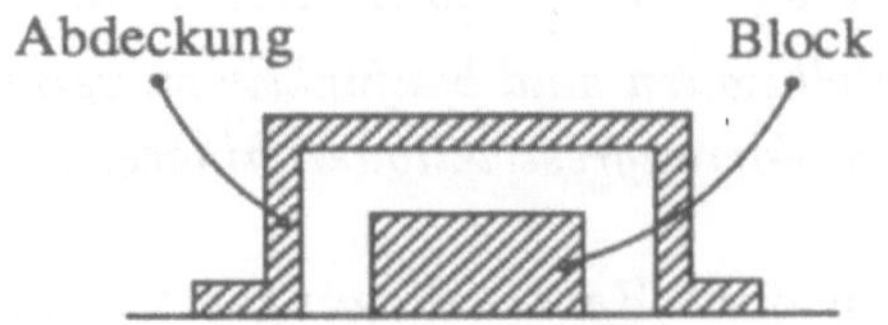

Abb. 2.2: Bsp. 3 (Zielanordnung): Montageteile dürfen sich nicht durchdringen.

Block an seiner Zielposition von der Abdeckung und dem Montagetisch umschlossen. Geht man davon aus, daß der Montagetisch grundsätzlich zuerst vorhanden ist, so folgt daraus, daß die Abdeckung erst dann aufgesetzt werden darf, wenn sich der Block bereits an seiner Zielposition befindet, da sich feste Körper gegenseitig nicht durchdringen können. Diese Randbedingung soll als "Durchdringungsverbot" bezeichnet werden. Sie führt in dem gezeigten Beispiel zu der Vorrangrestriktion[10] $\pi(Block^+, Abdeckung^+)$.

Es soll nun eine Regel formuliert werden, die es erlaubt, aufgrund des Durchdringungsverbots Vorrangrestriktionen zu gewinnen. Dazu sollen jedoch erst noch zwei weitere Begriffe definiert werden[11].

Definition 2.4 *Gegeben sei eine bereits montierte Menge von n Bauteilen [M] mit den Elementen B_i mit $i \in \{1, \dots, n\}$ und ein weiteres, noch zu montierendes Teil A. Die Anordnung [M] heißt "offen bezüglich des Bauteils A", wenn A auch noch nach der Montage aller Teile aus [M] von einer beliebigen Position aus an seine Zielposition (und umgekehrt) gebracht werden kann. Andernfalls heißt [M] "verschlossen bezüglich des Bauteils A"*

Definition 2.5 *Gegeben sei eine bereits montierte Menge von n Bauteilen [M] mit den Elementen B_i mit $i \in \{1, \dots, n\}$ und ein weiteres, noch zu montierendes Teil A. Die Anordnung [M] heißt "minimal verschlossen bezüglich des Bauteils A", wenn [M] bezüglich des Bauteils A verschlossen und $[M - B_i]$ bezüglich des Bauteils A offen ist für jedes beliebige $i \in \{1, \dots, n\}$.*

Die folgende Regel ermöglicht es, Vorrangrestriktionen abzuleiten, die sich für die Montage aufgrund des Durchdringungsverbots ergeben:

---

[10]D.h., zuerst muß der Block, anschließend die Abdeckung in Position gebracht werden.

[11]Mit der Notation [< *bauteilmenge* >] soll dabei ausgedrückt werden, daß sich die einzelnen Bauteile von < *bauteilmenge* > an ihren Zielpositionen befinden.

Regel 2.1 *Gegeben sei eine Menge M von Montageteilen, die in eine bestimmte Anordnung $[M]$ zu bringen sind. Sei A ein ausgezeichnetes Bauteil aus M und $M' = \{B_1, \ldots, B_n\}$ eine Teilmenge von $M - A$, wobei n eine natürliche Zahl ≥ 1 darstellt. Sei außerdem die montierte Anordnung $[M']$ minimal verschlossen bezüglich des Bauteils A. Wenn es eine Montagefolge gibt, die zu der Montageanordnung $[M]$ führt, dann müssen für die Montage des Bauteils A die folgenden alternativen Vorrangrestriktionen[12] gelten:*

$$\pi(A^+, B_1^+) \vee \cdots \vee \pi(A^+, B_n^+)$$

Da die in $[M']$ enthaltenen Teile für A eine undurchdringliche Schale darstellen, existiert für A kein Weg von außerhalb dieser Schale zu seiner Zielposition, wenn alle Teile aus M' montiert sind. Daraus folgt umgekehrt, daß A frühestens dann aus der Anordnung $[M \cup \{A\}]$ entfernt werden kann, wenn vorher mindestens ein Bauteil der Schale ($[M']$) entfernt wurde. Somit kann für die <u>De</u>montage von Montageanordnungen folgende Regel aufgestellt werden:

Regel 2.2 *Gegeben sei eine (bereits montierte) Montageanordnung $[M]$. Sei A ein ausgezeichnetes Bauteil aus M und $M' = \{B_1, \ldots, B_n\}$ eine Teilmenge von $M - A$, wobei n eine natürliche Zahl ≥ 1 darstellt. Sei außerdem die montierte Anordnung $[M']$ minimal verschlossen bezüglich des Bauteils A. Dann gelten für die <u>De</u>montage der Montageanordnung $[M]$ die alternativen Vorrangrestriktionen*

$$\pi(B_1^-, A^-) \vee \cdots \vee \pi(B_n^-, A^-)$$

Mit Hilfe der genannten Regeln lassen sich Vorrangrestriktionen ableiten, indem man zu jedem Montageteil A alle Mengen M' bestimmt, die bezüglich A minimal verschlossen sind. Daraus ergeben sich direkt die geltenden Sätze von Vorrangrestriktionen.

Dazu zwei Beispiele:

1. Im Beispiel aus Abb. 2.2 besteht die Menge von Bauteilen M aus dem Block und der Abdeckung. Die Teilmenge $M' = \{Tisch, Abdeckung\}$ ist minimal verschlossen bezüglich des Blocks, da der Block nicht mehr

---

[12]Es resultiert also der Satz $\{\{\pi(A^+, B_1^+)\}, \ldots, \{\pi(A^+, B_n^+)\}\}$

montiert werden kann, wenn Tisch und Abdeckung sich an ihren Zielpositionen befinden. Die Regel 2.1 führt deshalb zu den alternativen Vorrangrestriktionen:

$$\pi(Block^+, Abdeckung^+) \vee \pi(Block^+, Tisch^+)$$

2. Im Beispiel aus Abb. 2.3 besteht die Montageaufgabe aus vier verschiedenen Teilen: einer Platte, einem Stift, einem Ring, der um den Stift zu legen ist, und einer Abdeckung. Dabei soll der Montagetisch diesmal nicht in die Betrachtung miteinbezogen werden. Abb. 2.4 zeigt das Zustandsübergangsdiagramm[13] für diese Aufgabe. Es zeigt, daß es insgesamt drei Montageanordnungen gibt, bei denen aufgrund des Durchdringungsverbots kein weiteres Teil montiert werden kann[14]. Diese Sackgassen im Montageablauf können durch die Einhaltung von bestimmten Vorrangrestriktionen umgangen werden, die durch Anwendung der Regel 2.1 hergeleitet werden können.

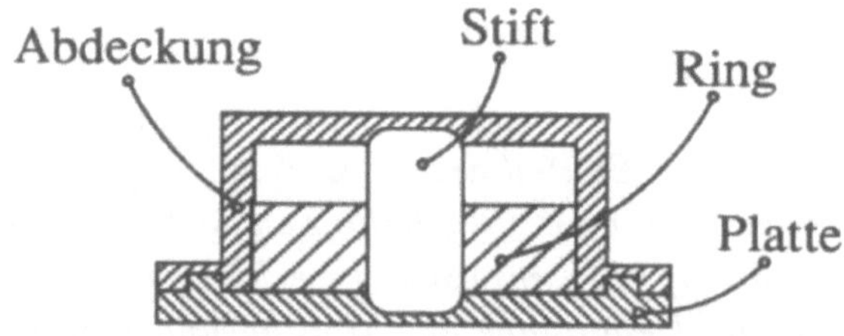

Abb. 2.3: Bsp. 4: Eine vierteilige Montageaufgabe (Zielanordnung)

In Tab. 2.1 sind Instantiierungen der Größen M' und A und die daraus resultierenden Vorrangrestriktionen gezeigt.

$[M']$	A	Vorrangrestriktionen
Platte, Abdeckung	Ring	$\pi(Ring^+, Platte^+) \vee$ $\pi(Ring^+, Abdeckung^+)$
Platte, Abdeckung	Stift	$\pi(Stift^+, Platte^+) \vee$ $\pi(Stift^+, Abdeckung^+)$

Tab. 2.1: Anwendung der Durchdringungsregel auf Bsp. 4

---

[13] auch Diamantendiagramm, s. Abschnitt 1.3.3

[14] Die entsprechenden Knoten sind in Abb. 2.4 fett eingerahmt.

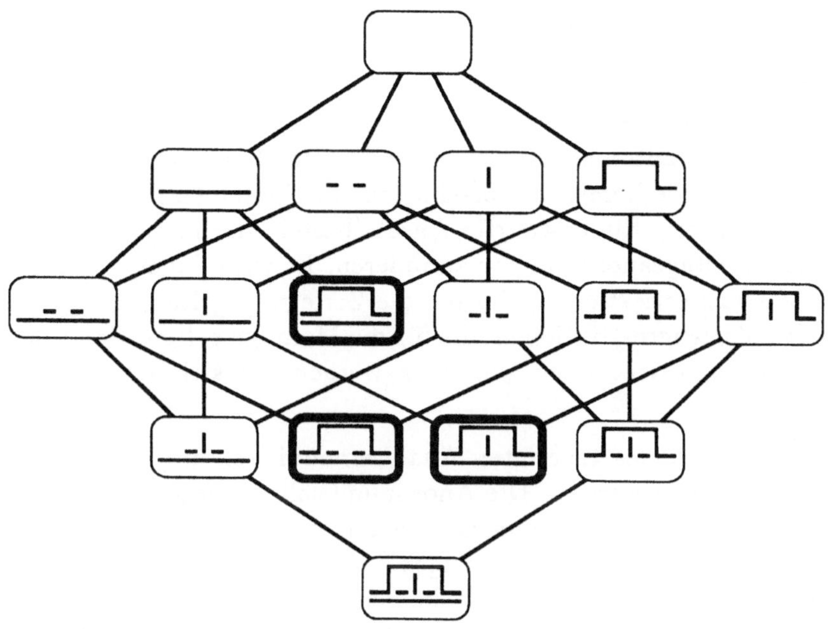

Abb. 2.4: Zu Bsp. 4: Montagezustände und durchdringungsfreie Übergänge

Der Ring läßt sich demnach nicht mehr montieren, wenn Platte und Abdeckung bereits montiert sind. Die Anordnung bestehend aus Platte, Ring und Abdeckung kann also nur dadurch erreicht werden, daß der Ring vor der Platte oder vor der Abdeckung montiert wird. Es gelten also alternativ die Vorrangrestriktionen

$$\pi(Ring^+, Abdeckung^+) \vee \pi(Ring^+, Platte^+)$$

Ebenso können für die Montage des Stifts die alternativen Vorrangrestriktionen

$$\pi(Stift^+, Abdeckung^+) \vee \pi(Stift^+, Platte^+)$$

gefunden werden.

Im zweiten Beispiel wurde kein Montagetisch berücksichtigt. Daher können die Vorrangrestriktionen vernachlässigt werden, die dadurch entstehen, daß bei der Montage die Einzelteile den Montagetisch nicht durchdringen dürfen.

Will man diese Vorrangrestriktionen ebenfalls erhalten, muß die Untersuchung zusammen für Montageaufgabe und Montagetisch durchgeführt werden[15].

Die Planung auf der Basis von Vorrangrestriktionen hängt maßgeblich davon ab, ob diese automatisch von einem CAD-Modell abgeleitet werden können. Dies wurde bereits in verschiedenen Arbeiten ([21],[45],[53]) erfolgreich durchgeführt. Ein bewährter Ansatz besteht darin, die *Zerlegung* der montierten Montageanordnung zu simulieren. Es wird dabei vorausgesetzt, daß die Vorrangrestriktionen, die für die Zerlegung gelten, spiegelbildlich sind zu den Vorrangrestriktionen, die für die Montage gelten. Somit können indirekt Vorrangrestriktionen gewonnen werden, die sich auf die Montage beziehen.

Die Funktionsweise des genannten Analysemoduls soll am Montagebeispiel aus Abb. 2.3 gezeigt werden. Die Anordnung soll in der gezeigten Lage auf einem Montagetisch zu montieren ist. Zuerst wird für jedes Montageteil eine Menge möglicher Entfernungsrichtungen[16] ermittelt. Diese werden abhängig von den Berührflächen eines Teils berechnet. Dazu wird vereinfachend angenommen, daß ein Teil entweder nur senkrecht zu den Berührflächen der Teile, die es berührt, oder entlang dieser Flächen bewegt werden kann. Betrachtet man die gegebene Montageaufgabe als zweidimensionales Problem, so gibt es für die vier Teile aus Abb. 2.3 nur vier Entfernungsrichtungen[17]. Liegen die Entfernungsrichtungen für jedes Teil fest, so wird für jedes Teil untersucht, welche anderen Montageteile es durchdringen würde, wenn es entlang dieser Richtungen entfernt werden würde. Die Teile, die beim Entfernen eines Teiles X ein Hindernis darstellen, müssen bei der Montage der Anordnung nach X montiert werden. Auf diese Weise leitet das System Vorrangrestriktionen ab.

---

[15]Es ist dennoch sinnvoll, die Untersuchung zuerst ohne den Montagetisch durchzuführen, da die sich ergebenden Vorrangrestriktionen zur Unterstützung des Konstruktionsprozesses herangezogen werden können. Der Konstrukteur erhält dadurch wertvolle Informationen über die Montierbarkeit des entworfenen Produkts, noch bevor die Form des Montagetisches oder die Lage, in der das Produkt montiert werden soll, festgelegt ist.

[16]Darunter sind Richtungen zu verstehen, entlang denen ein Montageteil möglicherweise aus der Montageanordnung entfernt werden kann.

[17]nach links, nach rechts, nach oben und nach unten

	betrachtete Fügerichtung		
	$\uparrow$	$\downarrow$	$\longleftrightarrow$
Platte	$\pi(Platte^+, Tisch^+)$	$\pi(Platte^+, Stift^+)$ $\wedge$ $\pi(Platte^+, Ring^+)$ $\wedge$ $\pi(Platte^+, Abg^+)$	$\pi(Platte^+, Stift^+)$ $\wedge$ $\pi(Platte^+, Ring^+)$ $\wedge$ $\pi(Platte^+, Abg^+)$
Stift	$\pi(Stift^+, Tisch^+)$	$\pi(Stift^+, Abg^+)$	$\pi(Stift^+, Platte^+)$ $\wedge$ $\pi(Stift^+, Ring^+)$ $\wedge$ $\pi(Stift^+, Abg^+)$
Ring	$\pi(Ring^+, Tisch^+)$ $\wedge$ $\pi(Ring^+, Platte^+)$	$\pi(Ring^+, Abg^+)$	$\pi(Ring^+, Platte^+)$ $\wedge$ $\pi(Ring^+, Stift^+)$ $\wedge$ $\pi(Ring^+, Abg^+)$
Abdek-kung	$\pi(Abg^+, Tisch^+)$ $\wedge$ $\pi(Abg^+, Platte^+)$ $\wedge$ $\pi(Abg^+, Stift^+)$ $\wedge$ $\pi(Abg^+, Ring^+)$	keine	$\pi(Abg^+, Platte^+)$ $\wedge$ $\pi(Abg^+, Stift^+)$ $\wedge$ $\pi(Abg^+, Ring^+)$

Tab. 2.2: Vorrangrestriktionen zur Vermeidung von Seiteneffekten

In Tab. 2.2 sind für jedes Teil und zu jeder Fügerichtung die abgeleiteten Vorrangrestriktionen angegeben[18]. Dabei ist die Fügerichtung der Entfernungsrichtung entgegengesetzt. Da sich für die seitlichen Fügerichtungen aufgrund der Symmetrie der Montageanordnung dieselben Vorrangrestriktionen ergeben, wurden sie in einer Spalte ($\leftrightarrow$) zusammengefaßt.

Für jedes Montageteil existieren wegen der drei untersuchten Fügerichtungen bis zu drei alternative Mengen von Vorrangrestriktionen.

---

[18]Abg = Abdeckung

2.1.2 Die Stabilitätsforderung

Im vorhergehenden Abschnitt wurden aus der Forderung, daß sich die verschiedenen Einzelteile bei der Montage gegenseitig nicht durchdringen dürfen, Vorrangrestriktionen bezüglich der Montagereihenfolge abgeleitet. In diesem Abschnitt soll nun die wirkende Schwerkraft betrachtet werden, da sie häufig auch zur Einhaltung einer bestimmten Montagefolge zwingt. Dabei wird gefordert, daß jede Montageanordnung, der zwischen zwei Montageoperationen besteht, stabil sein muß. Es gibt prinzipiell zwei Vorgehensweisen, diese "Stabilitätsforderung" zu berücksichtigen:

- Man verwendet ein stützendes Hilfsobjekt H, d.h. die Operationsmenge Ω wird um die Operationen ω_1 = "Plaziere H" und ω_2 = "Entferne H" erweitert, während die Vorrangrestriktionsmenge um $\pi(\omega_1, \omega_2)$ ergänzt werden muß[19].

- Bei der Montage wird eine bestimmte zeitliche Ordnung der einzelnen Montageoperationen gefordert. Dadurch schließt man diejenigen Montagefolgen aus, welche die Stabilitätsforderung verletzen.

Die zweite Möglichkeit soll an folgendem Beispiel demonstriert werden: Abb. 2.5 zeigt zwei Würfel A und B, die aufeinander gestellt werden sollen.

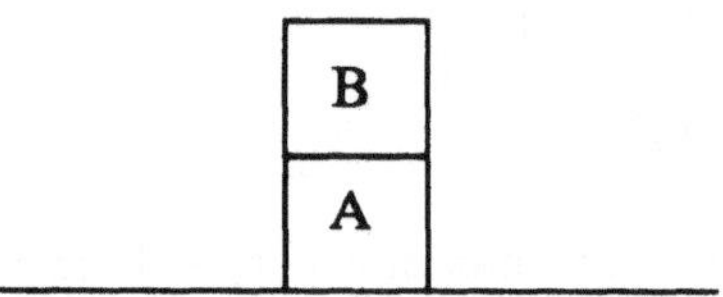

Abb. 2.5: Bsp. 5 (Zielanordnung): Jede Montageanordnung muß stabil sein.

Da B nicht frei in der Luft schweben kann, muß zuerst Würfel A auf den Tisch gestellt werden. Es existiert also eine Vorrangrestriktion $\pi(A^+, B^+)$, weil die Montageanordnung[20] $[\{B\}]$, instabil ist.

Um den Begriff der Stabilität näher zu fassen, sollen vier Bedingungen aus der Technischen Mechanik[21] verwendet werden. Danach hängt die Stabilität

---

[19]Die vorliegende Arbeit beschränkt sich jedoch auf die Betrachtung "monoton wachsender" Montagefolgen, s. Abschnitt 1.4

[20]nur das Bauteil B ist montiert.

[21]s. [9]

einer Montageanordnung, die aus einer endlichen Menge forminvarianter
Teile besteht, von folgenden Forderungen ab:

1. Die vektorielle Summe der Kräfte, die auf jedes einzelne Bauteil wirken, muß null ergeben.

2. Die Summe der Momente, die auf jedes einzelne Bauteil wirken, muß
   null ergeben.

3. Der Normalenanteil der Kontaktkraft, die an jedem Kontaktpunkt
   wirkt, darf nicht negativ sein.

4. Die an den Kontaktpunkten bestehende Reibungskraft ist höchstens
   ein μ-faches des Normalenanteils der dort herrschenden Kontaktkraft.
   Dabei ist μ eine materialabhängige Konstante.

Definition 2.6 *Eine Montageanordnung, welche die oben genannten vier
Forderungen erfüllt, soll als "stabil", andernfalls als "instabil" bezeichnet
werden.*

Mit Hilfe des folgenden Begriffes wird es schließlich möglich sein, eine Regel
zu formulieren, die es erlaubt, aufgrund der Stabilitätsforderung Vorrangrestriktionen zu gewinnen.

Definition 2.7 *Gegeben sei eine stabile Montageanordnung $[M]$, bestehend
aus den Bauteilen $A, B_1, \ldots, B_n$, wobei n eine natürliche Zahl ≥ 1 darstellt.
Die Anordnung $[M]$ heißt "minimal stabil bezüglich A"[22], wenn $[M - B_i]$
instabil ist für jedes $i \in \{1, \ldots, n\}$. Das Bauteil A heißt dann " abhängig
von $[M - A]$".*

Regel 2.3 *Gegeben sei eine Menge M von Montageteilen, die in eine bestimmte Anordnung $[M]$ zu bringen sind. A sei ein ausgezeichnetes Bauteil aus M und $M' = \{B_1, \ldots, B_n\}$ eine Teilmenge von $M - A$, wobei A
abhängig von $[M']$ sei. Wenn es eine Montagefolge gibt, die zu der Montageanordnung $[M]$ führt, dann gelten für die Montage des Bauteils A die
Vorrangrestriktionen[23]*

$$\pi(B_1^+, A^+) \ \wedge \ \pi(B_2^+, A^+) \ \wedge \cdots \wedge \ \pi(B_n^+, A^+)$$

---

[22]Eine Montageanordnung, die minimal stabil bezüglich eines Bauteils A ist, wird also
instabil, wenn auch nur ein Bauteil ($\neq A$) aus der Montageanordnung entfernt wird.

[23]D.h. es resultiert der einelementige Satz $\{\{\pi(B_1^+, A^+), \ldots, \pi(B_n^+, A^+)\}\}$

Man kann diese Regel anschaulich dadurch begründen, daß die Montageanordnung $[A \cup M']$ nur entstehen kann, wenn A als letztes Teil montiert wird, da $[A \cup M' - B]$ mit $B \in M'$ nicht stabil ist. D.h., jedes Bauteil aus M' muß vor A montiert werden, was genau durch die abgeleiteten Vorrangrestriktionen ausgedrückt wird.

Für die Montageanordnung $[M' \cup \{A\}]$ gilt, daß das Entfernen eines beliebigen Bauteils ($\neq A$) zu einer instabilen Anordnung führt. Daher kann für die Demontage einer Montageanordnung eine entsprechende Regel aufgestellt werden.

Regel 2.4 *Gegeben sei die (bereits montierte) Montageanordnung $[M]$. Es sei A ein ausgezeichnetes Bauteil aus M und $M' = \{B_1, \ldots, B_n\}$ eine Teilmenge von $M - A$, wobei A abhängig von $[M']$ sei. Für die Demontage der Montageanordnung $[M]$ gelten dann die Vorrangrestriktionen*

$$\pi(A^-, B_1^-) \;\wedge\; \pi(A^-, B_2^-) \;\wedge \cdots \wedge\; \pi(A^-, B_n^-)$$

Zur Ableitung stabilitätsbedingter Vorrangrestriktionen bestimme man also zu jedem Bauteil alle Montageanordnungen, die bezüglich des Bauteils minimal stabil sind, und wende darauf die o.g. Regeln an. Existieren mehrere Montageanordnungen, die bezüglich eines Bauteils minimal stabil sind, so sind die daraus abgeleiteten Mengen von Vorrangrestriktionen als alternativ zu betrachten, da es ausreicht, wenn ein Bauteil A auf *einer* der bezüglich A minimal stabilen Anordnungen ruht.

Um die Wirkung der Regeln zu zeigen, sollen sie auf drei Beispiele angewendet werden:

1. In Abb. 2.5 besteht die Menge M aus den Bauteilen A, B und dem Tisch. Das Bauteil B ist von der Anordnung $\{Tisch, A\}$ abhängig, also gelten die Vorrangrestriktionen $\pi(Tisch^+, B^+)$ und $\pi(A^+, B^+)$.

2. Als zweites Beispiel soll die Montageaufgabe aus Abb 2.3 betrachtet werden. Im Zustandsübergangsdiagramm in Abb. 2.6 sind die nicht-stabilen Zustände in der Montagefolge fett eingerahmt. Die Kanten zu nicht-stabilen Zuständen wurden weggelassen, da es nicht erlaubt ist, instabile Zustände zu erzeugen. Die damit verbundenen stabilitätsbedingten Vorrangrestriktionen sind in der dritten Spalte der Tab. 2.3 eingetragen[24]. Für jedes der vier Bauteile Platte, Ring,

---

[24]Abg = Abdeckung

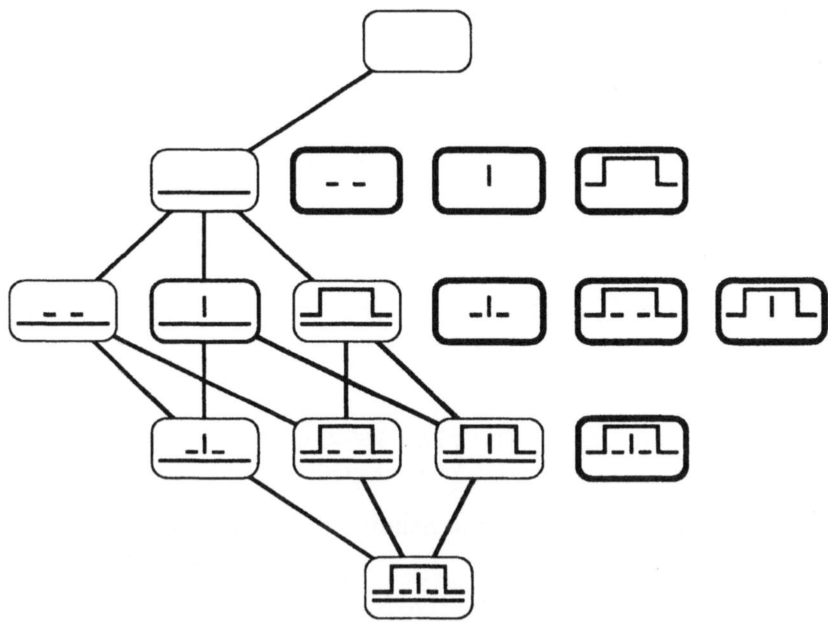

Abb. 2.6: Zu Bsp. 4: Stabile Zustände und deren Übergänge

Stift und Abdeckung existiert jeweils eine Bauteilmenge, von dem es abhängig ist. Dadurch entstehen vier Mengen von Vorrangrestriktionen, die untereinander konjunktiv verknüpft werden müssen, da für jedes Bauteil die Stabilitätsforderung erfüllt werden muß.

betrachtetes Bauteil	ist abhängig von	resultierende Vorrangrestriktionen
Platte	Tisch	$\pi(Tisch^+, Platte^+)$
Ring	Tisch,Platte	$\pi(Tisch^+, Ring^+), \pi(Platte^+, Ring^+)$
Stift	Tisch,Platte	$\pi(Tisch^+, Stift^+), \pi(Platte^+, Stift^+)$
Abg	Tisch,Platte	$\pi(Tisch^+, Abg^+), \pi(Platte^+, Abg^+)$

Tab. 2.3: Abhängigkeitstabelle zum Montagebeispiel aus Abb. 2.3

3. In Abb. 2.7 liegt K auf fünf Zylindern $Z_1, \ldots, Z_5$. Die Abhängigkeiten der einzelnen Bauteile sind in Tab. 2.4 dargestellt. Da es fünf verschiedenen Teilmengen gibt, die bezüglich K minimal stabil sind, existieren

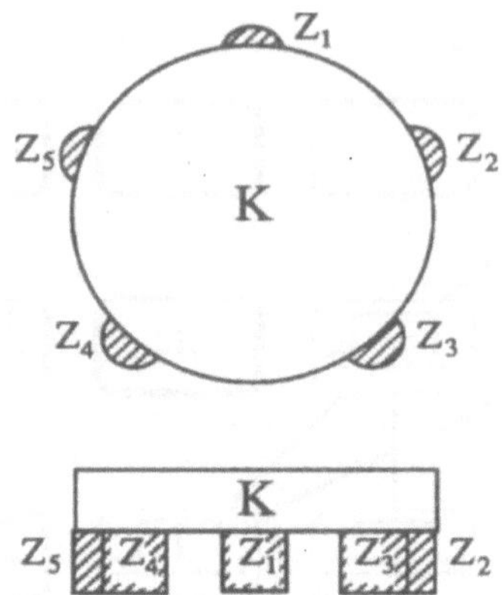

Abb. 2.7: Bsp. 6: Eine Scheibe auf fünf Zylindern

auch fünf verschiedene, alternative Mengen von Vorrangrestriktionen[25]. Die minimal stabilen Teilmengen bezüglich Z_i enthalten jeweils nur den Montagetisch. Da man davon ausgehen kann, daß der Montagetisch zum Zeitpunkt der Montage der Teile bereits vorhanden ist, ergeben sich daraus keine zusätzlichen Vorrangrestriktionen.

betrachtetes Bauteil	ist abhängig von	resultierende Vorrangrestriktionen
	$\{Z_1, Z_2, Z_4\}$	$(\pi(Z_1^+, K^+) \wedge \pi(Z_2^+, K^+) \wedge \pi(Z_4^+, K^+))$
	$\vee$	$\vee$
	$\{Z_1, Z_3, Z_4\}$	$(\pi(Z_1^+, K^+) \wedge \pi(Z_3^+, K^+) \wedge \pi(Z_4^+, K^+))$
	$\vee$	$\vee$
K	$\{Z_1, Z_3, Z_5\}$	$(\pi(Z_1^+, K^+) \wedge \pi(Z_3^+, K^+) \wedge \pi(Z_5^+, K^+))$
	$\vee$	$\vee$
	$\{Z_2, Z_3, Z_5\}$	$(\pi(Z_2^+, K^+) \wedge \pi(Z_3^+, K^+) \wedge \pi(Z_5^+, K^+))$
	$\vee$	$\vee$
	$\{Z_2, Z_4, Z_5\}$	$(\pi(Z_2^+, K^+) \wedge \pi(Z_4^+, K^+) \wedge \pi(Z_5^+, K^+))$
$Z_1, \ldots, Z_5$	$\{T\}$	$\pi(T^+, Z_i^+)$

Tab. 2.4: Abhängigkeitstabelle zum Montagebeispiel aus Abb. 2.7

---

[25]D.h., es resultiert ein fünf-elementiger Satz

Dieses Beispiel soll zeigen, daß aufgrund der Stabilitätsforderung auch alternative Mengen von Vorrangrestriktionen entstehen können[26].

2.1.3   Vermeidung von Seiteneffekten

Aufgrund der bestehenden Unsicherheiten in der Form der Bauteile, der Positioniergenauigeit des Montageroboters, usw. lassen sich manche Montageoperationen nur dadurch bewerkstelligen, daß das zu montierende Bauteil an bereits montierten Bauteilen entlang in seine Zielposition "getastet" wird. Dabei wird durch Einsatz von Kraft- und Drehmomentsensoren und entsprechenden Regelungsstrategien vermieden, daß das zu fügende Bauteil verkantet. Es wirken jedoch während einer Montageoperation auf die bereits montierten Bauteile Kräfte, die dazu führen können, daß diese Bauteile wieder aus ihrer Lage verschoben werden. "Seiteneffekte" dieser Art sind deshalb unerwünscht, weil das Ziel[27] nicht erreicht werden kann, wenn bereits erreichte Teilziele[28] durch nachfolgende Montageoperationen wieder aufgehoben werden. Es soll deshalb gefordert werden, daß durch eine Montageoperation keine Seiteneffekte auftreten dürfen.

Seiteneffekte können prinzipiell auf dieselben zwei Arten vermieden werden, wie auch instabile Montagezustände[29]:

1. Die betroffenen Bauteile werden während der Montageoperation durch Hilfseinrichtungen[30] gesichert. Dieser Ansatz soll hier jedoch nicht weiter verfolgt werden[31].

2. Das Auftreten von Seiteneffekten wird durch eine geeignete Reihenfolge der Montageoperationen vermieden. D.h., ein Bauteil soll dann montiert werden, wenn aufgrund der dadurch entstehenden Kräfte keine Seiteneffekte zu befürchten sind.

Um den unter Punkt 2 genannten Zusammenhang genauer beschreiben zu können, ist es hilfreich, den Begriff der "Robustheit" einzuführen.

---

[26]Dies ist bei sogenannten statisch überbestimmten Baugruppen der Fall, die Teile mit mehr als zwei Auflagepunkten enthalten.

[27]eine bestimmte Montageordnung

[28]bereits positionierte Bauteile

[29]s. Abschnitt 2.1.2

[30]z.B. Einspannvorrichtungen

[31]Beschränkung auf monotone Montageaufgaben s. Abschnitt 1.4

Definition 2.8 *Gegeben sei eine Montageanordnung $[M]$ bestehend aus n Bauteilen $B_1, \ldots, B_n$. Es soll nun ein weiteres Bauteil A montiert werden. $[M]$ heißt "robust bezüglich der Montage von A", wenn durch die Montage von A keines der bereits montierten Bauteile B_i ($i \in \{1, \ldots, n\}$) gezwungen wird, seine Lage zu ändern. Die Montage des Bauteils A heißt dann "sicher".*

Die Ableitung von Vorrangrestriktionen ergibt sich durch die folgende Regel:

Regel 2.5 *Gegeben sei eine Menge M bestehend aus den Bauteilen A, $B_1, \ldots, B_m$ und $C_1, \ldots, C_n$, die zu einer Montageaufgabe gehören. Die Teilmenge $M' = \{B_1, \ldots, B_m\}$ sei bereits montiert, das Bauteil A und die Teilmenge $M'' = \{C_1, \ldots, C_n\}$ hingegen noch nicht. Falls $[M']$ nicht robust ist bezüglich der Montage von A, muß mindestens eine der folgenden Vorrangrestriktionen[32] eingehalten werden:*

$$\pi(A^+, B_1^+) \vee \cdots \vee \pi(A^+, B_m^+) \ \vee \ \pi(C_1^+, A^+) \vee \cdots \vee \pi(C_n^+, A^+)$$

Diese Regel kann dadurch begründet werden, daß die Montage von Bauteil A zu dem Zeitpunkt vermieden werden soll, an dem die Bauteilmenge M' bereits montiert ist, die Bauteilmenge M'' hingegen noch nicht. Man erreicht dies dadurch, daß man A vor Bauteilen aus M' oder nach Bauteilen aus M'' montiert. Es ergeben sich also für jede Bauteilmenge, die bezüglich der Montage eines Bauteils nicht robust ist, insgesamt n+m Vorrangrestriktionen, die disjunktiv zu verknüpfen sind. Hält man bei der Montage mindestens eine der Vorrangrestriktionen ein, so kann der an dieser Stelle zu erwartende Seiteneffekt nicht mehr auftreten, da die entsprechende Montagesituation[33] vermieden wird. Da alle Seiteneffekte ausgeschlossen werden müssen, sind die resultierenden Mengen von Vorrangrestriktionen, sofern vorhanden, konjunktiv zu verknüpfen.

Auch hier kann eine entsprechende Regel für die <u>De</u>montage von Montageanordnungen formuliert werden, wenn man vorausgesetzt, daß, wenn die

---

[32]D.h., es resultiert der (m+n)-elementige Satz

$$\{\{\pi(A^+, B_1^+)\}, \ldots, \{\pi(A^+, B_m^+)\}, \{\pi(C_1^+, A^+)\}, \ldots, \{\pi(C_n^+, A^+)\}\}$$

[33]Hinzufügen von Bauteil A zur Montageanordnung $[M']$

Montage eines Bauteils A zu einer Montageanordnung $[M']$ zu einem Seiteneffekt führt, die Demontage von A aus der Montageanordnung $[M' \cup \{A\}]$ ebenfalls nicht möglich ist.

Regel 2.6 *Gegeben sei eine Menge M bestehend aus den Bauteilen A, $B_1, \ldots, B_m$ und $C_1, \ldots, C_n$, die zu einer Montageaufgabe gehören. Aus der (bereits montierten) Montageanordnung $[M]$ seien die Bauteile $C_1, \ldots, C_n$ bereits demontiert worden. Falls die verbleibende Montageanordnung nicht robust ist bezüglich der Demontage von A, müssen die Vorrangrestriktionen*

$$\pi(B_1^-, A^-) \vee \cdots \vee \pi(B_m^-, A^-) \ \vee \ \pi(A_1^-, C^-) \vee \cdots \vee \pi(A_n^-, C^-)$$

eingehalten werden.

Die o.g. Regeln sollen nun auf die Montageaufgabe aus Abb. 2.3 angewendet werden[34] Abb. 2.8 zeigt am Beispiel von Montageaufgabe aus Abb. 2.3 die existierenden stabilen Montagezustände und die sicheren Zustandsübergänge zwischen diesen. Um das Beispiel übersichtlich zu halten, wird davon ausgegangen, daß die Platte das Basisteil darstellt und als erstes montiert werden muß. Tab. 2.5 zeigt die Vorrangrestriktionen, die mit Hilfe der Regel 2.5 gewonnen werden können[35]. Die Anwendung von Regel 2.5 führt dazu, daß für jede Montageoperation und für jede bezüglich dieser Montageoperation nicht robuste Montageanordnung ein Satz von alternativen Vorrangrestriktionen abgeleitet wird, wobei jeder Satz n+m Alternativen enthält. Dabei ist n die Anzahl der bereits montierten Bauteile und m die Anzahl der noch zu montierenden Bauteile. Dieser Aufwand kann erheblich reduziert werden, da manche Montageanordnungen, bei denen Seiteneffekte auftreten können, nicht untersucht werden müssen, da sie zu keinen neuen Vorrangrestriktionen führen. Auf diese Weise kann die Menge der entstehenden Vorrangrestriktionen deutlich vermindert werden[36].

---

[34]Dabei soll aus [4] eine vereinfachte Vorstellung übernommen werden, unter welchen Bedingungen möglicherweise Seiteneffekte auftreten. Dort wird ein Seiteneffekt für den Fall angenommen, daß ein zu montierendes Bauteil an seiner vorgesehenen Zielposition mit Bauteilen in Berührung kommt, die innerhalb der senkrecht zur Schwerkraftsrichtung liegenden Ebene verschiebbar oder verdrehbar sind. Es werden dabei angenommen, daß ein montiertes Bauteil durch die Montage eines anderen Bauteils nicht nach unten gedrückt werden kann, daß ein montiertes Bauteil nicht entgegen der Schwerkraft angehoben werden kann und daß durch den Robotergreifer kein Seiteneffekt entsteht.

[35]Abg = Abdeckung

[36]Diese Methode wird daher auch beim Anwendungsbeispiel im Anhang angewendet.

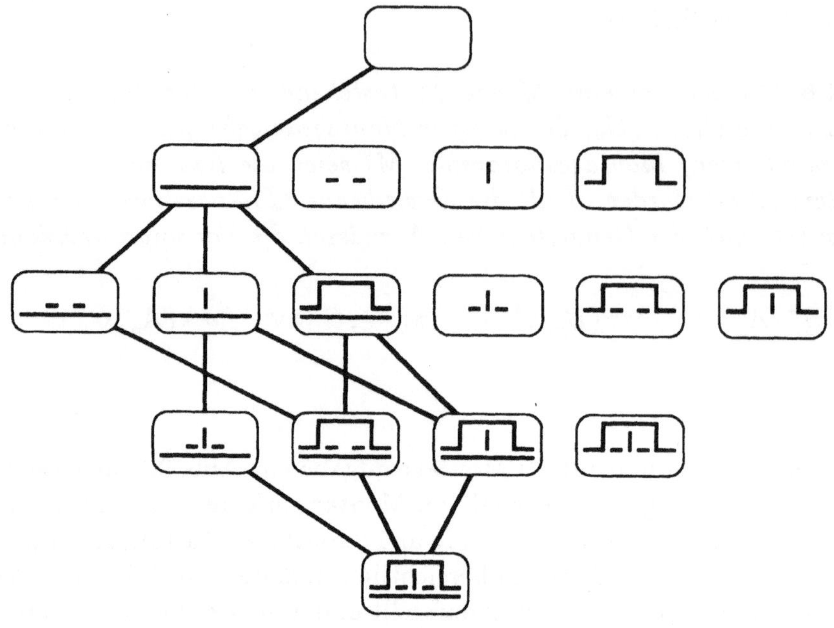

Abb. 2.8: Zu Bsp. 4: Sichere Übergänge

zu montieren- des Bauteil	Menge der abgeleiteten Vorrangrestriktionen	Begründung
Platte	$\pi(Platte^+, Stift^+)\ \vee$ $\pi(Platte^+, Ring^+)\ \vee$ $\pi(Platte^+, Abg^+)$	da Basisteil
Stift	$\pi(Stift^+, Platte^+)\ \vee$ $\pi(Stift^+, Ring^+)\ \vee$ $\pi(Abg^+, Stift^+)$	da $[Platte, Ring]$ nicht robust bez. der Montage des Stifts
Ring	leer	da keine Seiteneffekte auftreten können.
Abg	$\pi(Abg^+, Platte^+)\ \vee$ $\pi(Abg^+, Ring^+)\ \vee$ $\pi(Stift^+, Abg^+)$	da $[Platte, Ring]$ nicht robust bez. der Montage der Abdeckung

Tab. 2.5: Vorrangrestriktionen zur Montageaufgabe aus Abb. 2.3

Dies soll im Folgenden gezeigt werden:

Gegeben sei eine Menge von Bauteilen

$$M = \{A, \underbrace{B_1, \ldots, B_m}_{\in M'}, \underbrace{C_1, \ldots, C_n}_{\in M''}, X\}$$

mit den Teilmengen $M' = \{B_1, \ldots, B_m\}$ und $M'' = \{C_1, \ldots, C_n\}$. Die Montageanordnung $[M']$ sei nicht robust bezüglich der Montage von A. Falls es eine Möglichkeit gibt, die Montageanordnung $[M]$ zu erreichen, müssen nach Regel 2.5 die folgenden Vorrangrestriktionen[37] gelten:

$$\underbrace{\bigvee_{i=1}^{m} \pi(A^+, B_i^+) \vee \bigvee_{j=1}^{n} \pi(C_j^+, A^+)}_{T} \vee \pi(X^+, A^+)$$

$$= T \vee \pi(X^+, A^+) \qquad (2.1)$$

Falls $[M' \cup X]$ ebenfalls nicht robust ist bezüglich der Montage von A, so führt Regel 2.5 zu folgenden Vorrangrestriktionen:

$$T \vee \pi(A^+, X^+) \qquad (2.2)$$

Der Vorranggraph, der beide Seiteneffekte berücksichtigen soll, muß beide Ergebnisse beinhalten. Die gewonnenen Vorrangrestriktionen müssen also konjunktiv verknüpft werden. Somit gilt:

$$\underbrace{(T \vee \pi(X^+, A^+))}_{s.\ 2.1} \wedge \underbrace{(T \vee \pi(A^+, X^+))}_{s.\ 2.2} = T$$

Der Ausdruck T ergibt sich jedoch auch, wenn man das Bauteil X völlig außer Acht läßt und Regel 2.5 auf die Mengen $M' = \{B_1, \ldots, B_m\}$ und $M'' = \{C_1, \ldots, C_n\}$ anwendet. Es können also bei der Herleitung der Vorrangrestriktionen all die Bauteile vernachlässigt werden, durch die der betrachtete Seiteneffekt nicht behoben wird.

---

[37]Das Symbol $\bigvee$ wird hier als ODER-Symbol verwendet.

2.2 Betrachtung der Ausgangs- und Zielanordnung

2.2.1 Die Verkettung von Pick- und Place-Graphen

Bisher wurden zur Ableitung von Vorrangrestriktionen einzelne Montageanordnungen betrachtet. Durch die gewonnenen Vorrangrestriktionen kann der Ablauf der einzelnen Montageoperationen festgelegt werden, durch den die Anordnung montiert werden kann. Aufgrund der geforderten Umkehrbarkeit der Montageoperationen sind die Vorrangrestriktionen, die für die Demontage einer montierten Anordnung gelten, symmetrisch zu den Vorrangrestriktionen, die für die Montage gelten. Somit läßt sich auf ähnliche Weise der Ablauf von Demontageoperationen bestimmen, durch den eine gegebene Anordnung zerlegt werden kann. Nun besteht eine Montageaufgabe allgemein immer aus zwei Teilaufgaben, nämlich, die benötigten Einzelteile von ihrer Ausgangsposition zu holen und sie in die vorgesehene Zielposition zu bringen. Die Ausgangsanordnung der Teile kann dabei unter Umständen wesentlich komplizierter sein kann als die Zielanordnung[38] Es sollen nun einige weitere Begriffe festgelegt werden, die im Lauf der Arbeit häufig verwendet werden:

Definition 2.9 *Das Zerlegen einer gegebenen Ausgangsanordnung von Bauteilen kann durch eine Menge von Pick-Operationen und einer Menge von Vorrangrestriktionen zwischen diesen beschrieben werden. Dies kann graphisch durch einen gerichteten Graphen ausgedrückt werden mit Pick-Operationen als Knoten und Vorrangrestriktionen als Kanten. Diese Teilmenge des Gesamtablaufs soll als "Pick-Graph" bezeichnet werden.*

Ähnlich wird durch den "Place-Graphen" das Zusammenbauen der Zielanordnung beschrieben.

Um den Gesamtablauf zu erhalten, müssen diese beiden Teilmengen vereinigt und durch zusätzliche Vorrangrestriktionen verkettet werden. Durch Verkettung eines Pick-Graphen mit einem Place-Graphen erhält man den sogenannten "verketteten Graphen".

Dazu ein Beispiel: Der einfachste Fall für die Verkettung einer Menge von Pick-Operationen und einer Menge von Place-Operationen ist in   Abb. 2.9

---

[38]Ein Beispiel dafür ist das Sortieren und Stapeln einer ungeordneten Menge von Einzelteilen.

dargestellt. Auf der linken Seite ist die Ausgangsanordnung der Einzelteile gezeigt, während auf der rechten Seite die gewünschte Zielanordnung dargestellt ist. Aufgrund des Stabilitätskriteriums ergeben sich für die De-

Abb. 2.9: Bsp. 7: Baue "Turm" aus "Tor" (Ausgangs- und Zielanordnung)

montage der Ausgangsanordnung $\pi(C^-, A^-)$ und $\pi(C^-, B^-)$ und für die Montage der Zielanordnung[39] $\pi(C^+, B^+)$ und $\pi(B^+, A^+)$. Da allgemein gilt, daß vor einer Operation *"Place X"* die Operation *"Pick X"* stattfinden muß, läßt sich der verkettete Graph einfach dadurch konstruieren, daß man den Pick-Graphen mit dem Place-Graphen vereinigt und um die Vorrangrestriktionen

$$\{\pi(A^-, A^+), \pi(B^-, B^+), \pi(C^-, C^+)\}$$

ergänzt. Den verketteten Graphen für die Anordnungen aus Abb. 2.9 zeigt die linke Seite von Abb. 2.10. Durch die Verkettung zyklenfreier Pick- bzw. Place-Graphen entsteht ein zyklenfreier verketteter Graph, da die ergänzten Vorrangrestriktionen $\pi(X^-, X^+)$ nur in eine Richtung weisen, nämlich vom Pick-Graphen zum Place-Graphen.

Trotz der Zyklenfreiheit muß vor Ausführung eines verketteten Graphen überprüft werden, ob er ausführbar ist oder ob die *Gefahr der Verklemmung* besteht. Dies ist dann der Fall, wenn zwischen einer Pick-Operation und der dazugehörenden Place-Operation andere Operationen ausgeführt werden müssen.

Man erkennt dies daran, daß im verketteten Graphen eine "überkreuzte" Verkettung[40] von Pick-Operationen und Place-Operationen vorliegt. Die Ursache besteht darin, daß ein Roboter zu einem Zeitpunkt höchstens *ein* Teil im Greifer halten kann. D.h., bei der Ausführung durch *einen* Roboter gilt die Vorrangrestriktion, daß ein neues Teil erst dann gegriffen werden

---

[39]Dabei sind die Pick-Operationen mit einem Minuszeichen und die Place-Operationen mit einem Pluszeichen gekennzeichnet.

[40]s. Abb. 2.11

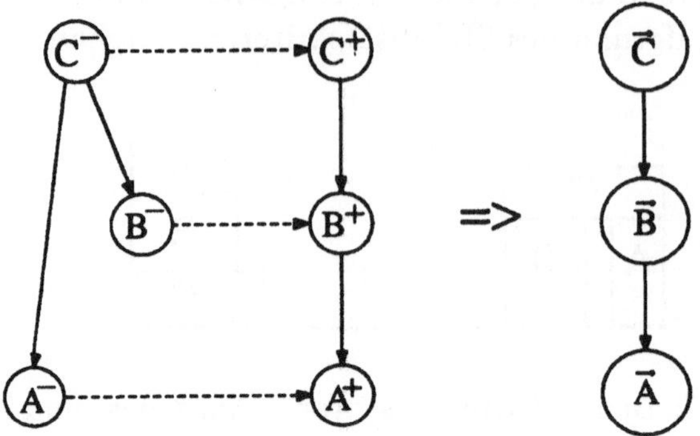

Abb. 2.10: Zu Bsp. 7: Verketteter Graph und P&P-Graph

kann, wenn das zuvor gegriffene Teil abgelegt worden ist. Für je zwei Bauteile A und B gelten somit die Vorrangrestriktionen $\pi(A^+, B^-) \vee \pi(B^+, A^-)$. Außerdem kann eine Place-Operation erst nach einer entsprechenden Pick-Operation erfolgen, es gilt also für jedes Bauteil X die Vorrangrestriktion $\pi(X^-, X^+)$.

Ergänzt man den verketteten Graphen durch diese beiden Klassen von Vorrangrestriktionen, so entstehen im Falle einer Verklemmungsgefahr Zyklen, die eine Ausführung verhindern. Die Gefahr einer Verklemmung kann auch dadurch sichtbar gemacht werden, daß man den verketteten Graphen zu einem sogenannten Pick-and-Place-Graphen reduziert.

Definition 2.10 *Unter einer "Pick-and-Place-Operation"*[41] *soll die Zusammenfassung einer Pick-Operation mit der dazugehörenden Place-Operation verstanden werden. Unter einem "Pick-and-Place-Graphen"*[42] *sei ein gerichteter Graph zu verstehen, dessen Knoten P&P-Operationen und dessen Kanten Vorrangrestriktionen zwischen diesen Operationen ausdrücken*[43].

Aus verketteten Graphen, die Überkreuzungen enthalten, entstehen durch die Reduzierung zyklische P&P-Graphen. Diese können nur dadurch ausgeführt werden, daß man die Operationen, die zu einem Zyklus gehören, auf

---

[41]im Folgenden auch kurz "P&P-Operation genannt

[42]im Folgenden auch kurz "P&P-Graph genannt

[43]Man kann ihn dadurch gewinnen, daß man im verketteten Graphen die verschiedenen Operationspaare (X^-, X^+) samt der dazugehörigen Vorrangrestriktion $\pi(X^-, X^+)$ jeweils zu einer Operation $\vec{X}$ zusammenfaßt.

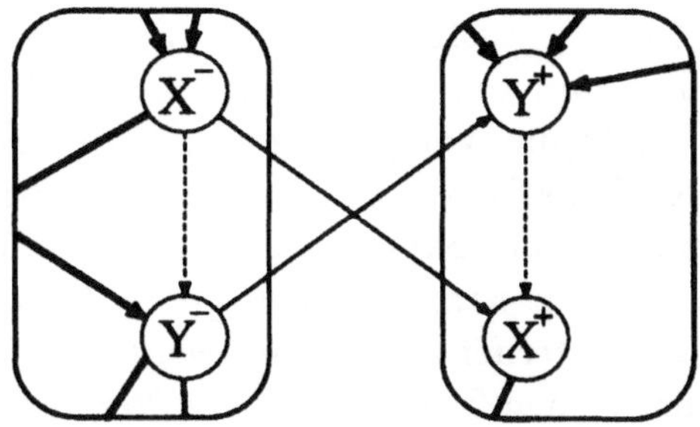

Abb. 2.11: "Überkreuzte" Verkettung von P&P-Operationen

verschiedene Roboter verteilt oder zusätzliche Zwischenoperationen einfügt. Durch das Zusammenfassen von Pick-Operationen und Place-Operationen

Abb. 2.12: Bsp. 8: Umsetzen eines Zweierstapels (Ausgangs- und Zielanordnung)

entsteht beispielsweise aus dem verketteten Graph auf der linken Seite in Abb. 2.10 der auf der rechten Seite gezeigte P&P-Graph. Aus der Tatsache, daß der P&P-Graph in diesem Beispiel zyklenfrei ist, folgt, daß die Aufgabe prinzipiell von *einem* Roboter ohne zusätzliche Operationen[44] gelöst werden kann.

Im Gegensatz dazu entsteht beim Beispiel in Abb. 2.12 durch die Reduzierung ein zyklischer P&P-Graph. Dort soll ein Stapel aus zwei Bauteilen A und B abgebaut und an anderer Stelle wieder aufgebaut werden. Für das Abbauen des Stapels gilt aufgrund der Stabilitätsforderung die Vorrangrestriktion $\pi(B^-, A^-)$. Analog dazu gilt für das Aufbauen die Vorrangrestriktion $\pi(A^+, B^+)$. Durch Verkettung der beiden Graphen entsteht

---

[44]wie z.B. Zwischenlagern

ein Graph, wie er auf der linken Seite von Abb. 2.14 dargestellt ist. Faßt
man die Operationspaare (A^-, A^+) und (B^-, B^+) jeweils zu einer Operation zusammen, so entsteht ein Zyklus. Daraus folgt, daß man die Aufgabe
entweder mit zwei Robotern ausführen muß, oder aber zusätzliche Operationen notwendig sind, um das Teil B zwischenzeitlich abzulegen und
wieder aufzunehmen. Für die Verkettung von Pick-Graphen mit Place-
Graphen kann es unter Umständen zahlreiche Alternativen geben, da es
sowohl für die Demontage von Baugruppen als auch für deren Montage
mehrere Möglichkeiten geben kann[45]. Eine große Anzahl von Kombina-
tionsmöglichkeiten entsteht ferner auch dann, wenn mehrere Einzelteile der
Montageanordnung vom selben Typ sind[46]. Die Verkettung sollte dann so
gewählt werden, daß möglichst wenig Überkreuzungen entstehen. Dazu

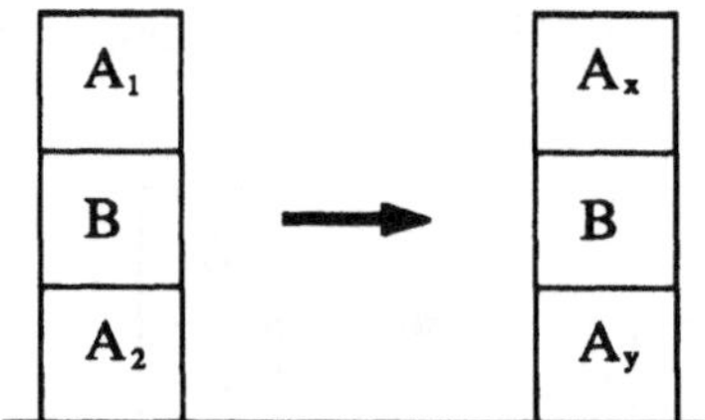

Abb. 2.13: Bsp. 9: Umsetzen eines Dreierstapels, der zwei gleiche Bauteile
enthält (Ausgangs- und Zielanordnung)

ein Beispiel (s. Abb. 2.13): Drei Teile befinden sich auf einem Stapel. Zwei
der Bauteile sind vom Typ A, ein Bauteil ist vom Typ B. Dieser Stapel soll
abgebaut und an anderer Stelle wieder aufgebaut werden. Dabei sei vorausgesetzt, daß die Bauteile nur einzeln bewegt werden können. Zur leichteren
Unterscheidung sei das obere Bauteil der Ausgangsanordnung mit A_1 das
untere mit A_2 bezeichnet. In der Zielanordnung sei das obere Bauteil vom
Typ A mit A_x, das untere mit A_y bezeichnet.

---

[45]Die Anzahl der möglichen verketteten Graphen ergibt sich somit als Produkt der
Anzahl der nicht-zyklischen Pick-Graphen und der Anzahl der nicht-zyklischen Place-
Graphen.

[46]Kommen n Teile desselben Typs vor, gibt es n! mögliche Verkettungen.

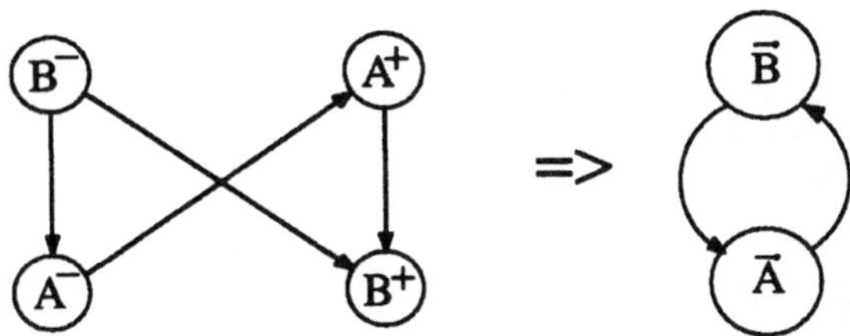

Abb. 2.14: Zu Bsp. 9: Verketteter Graph und P&Place-Graph

Für die Demontage der Ausgangsanordnung existieren aufgrund der Stabilitätsforderung zwei Vorrangrestriktionen, nämlich:

$$\pi(A_1^-, B^-) \ \wedge \ \pi(B^-, A_2^-)$$

Aus dem selben Grund gilt für die Montage der gewünschten Anordnung:

$$\pi(A_y^+, B^+) \ \wedge \ \pi(B^+, A_x^+)$$

Es gibt nun zwei Möglichkeiten, die Ausgangsanordnung in die Zielanordnung zu überführen: Man verwendet das obere A-typ Bauteil der Ausgangsanordnung entweder an oberer Stelle in der Zielanordnung oder an unterer Stelle. D.h., es gibt zwei mögliche Verkettungen des Pick-Graphen mit dem Place-Graphen, da zwei Bauteile der Montageaufgabe gleichen Typs sind. Die beiden Alternativen sind auf der linken Seite von Abb. 2.15 dargestellt[47]. Die dazugehörigen P&P-Graphen befinden sich rechts daneben. Nur einer der beiden P&P-Graphen ist zyklenfrei. Daher kann der verkettete Graph, aus dem der zyklenfreie P&P-Graph entstanden ist, von *einem* Roboter ohne Zusatzoperationen ausgeführt werden. Die Sequenz lautet:

$$A_1^-, \ A_y^+, \ B^-, \ B^+, \ A_2^-, \ A_x^+$$

Der zweite P&P-Graph ist im Gegensatz dazu zyklisch. Will man den dazugehörenden verketteten Graphen ausführen, benötigt man entweder mehrere Roboter oder zusätzliche Pick- und Place-Operationen. Die Sequenz für drei Roboter ist in Tab. 2.6 gezeigt. Die Verwendung mehrerer Agenten dient in diesem Fall nicht dazu, durch zeitliche Parallelisierung von Aktionen

---

[47]Im ersten Fall gilt: $A_x = A_1$, $A_y = A_2$. Andernfalls: $A_x = A_2$, $A_y = A_1$

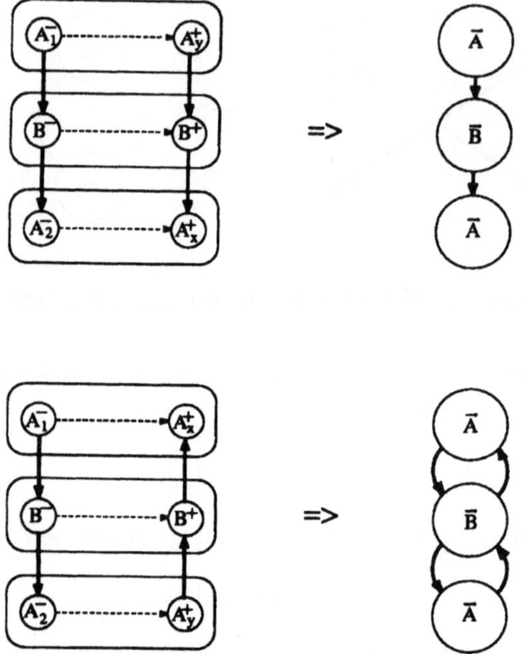

Abb. 2.15: Zu Bsp. 9: Zwei alternative verkettete Graphen und die dazu-gehörigen P&P-Graphen

eine kürzere Ausführungszeit zu erreichen, sondern lediglich zur Beseitigung der Verklemmung.

Aktion	Roboter 1	Roboter 2	Roboter 3
1.	A_1^-		
2.		B^-	
3.			A_2^-
4.			A_y^+
5.		B^+	
6.	A_x^+		

Tab. 2.6: Verteilung einer Aufgabe auf drei Roboter

Wenn die obige Sequenz mit nur einem Roboter ausgeführt werden soll, sind verschiedene Zwischenoperationen notwendig. Die Sequenz lautet dann:

1. Nimm das obere Teil vom Typ A aus der Ausgangsanordnung.

2. Lege das Teil ab.

3. Nimm das Teil vom Typ B aus der Ausgangsanordnung.

4. Lege das Teil ab.

5. Nimm das untere Teil vom Typ A aus der Ausgangsanordnung.

6. Plaziere das Teil unten in die Zielanordnung.

7. Nimm das abgelegte Teil vom Typ B von der Stelle, an der es abgelegt wurde.

8. Plaziere das Teil an die entsprechende Position in der Zielanordnung.

9. Nimm das abgelegte Teil vom Typ A von der Stelle, an der es abgelegt wurde.

10. Plaziere das Teil oben in die Zielanordnung.

Bei der Verkettung besteht das Ziel in erster Linie darin, eine überkreuzungsfreie Zuordnung von Pick-Operationen zu Place-Operationen zu finden. Falls es sogar mehrere Verkettungen gibt, die außerdem gleichwertig sind, kann durch ein Optimierungskriterium, das eine entsprechende Sortierung innerhalb des Satzes vorgenommen werden, der die alternativen Verkettungen beschreibt.

Bei der Generierung des Vorranggraphen übernimmt das Synthesemodul die Vorrangrestriktionsmengen in der Reihenfolge, wie sie im Satz auftreten, sofern dies nicht zu einer ungünstigen Struktur des Vorranggraphen führt. Auf diese Weise können weitere Optimierungskriterien in den Suchprozeß miteinfließen. Ein Beispiel für die Optimierung der Bewegungsbahnen befindet sich im Anhang[48].

---

[48]s. Abschnitt A.6.2

2.2.2 Wechselwirkungen zwischen Ziel- und Ausgangsanordnung

Bisher wurden zur Ableitung von Vorrangrestriktionen nur solche Montageanordnungen betrachtet, die entweder die Ausgangsanordnung oder die Zielanordnung darstellten. Um Vorrangrestriktionen zu gewinnen, die für die *Montage* der Bauteile gelten, wurden nur Mengen von Bauteilen betrachtet, die sich an ihrer Zielposition befinden. Zur Ableitung von Vorrangrestriktionen, die für die *Demontage* einer Montageanordnung gelten, wurden nur Bauteile der Ausgangsanordnung betrachtet. Ursache für das Auftreten von Vorrangrestriktionen waren verschiedene Randbedingungen[49]. die jedoch für alle Bauteile beachtet werden müssen, die sich in der Szene befinden, unabhängig davon, ob sie sich in ihrer Ausgangs- oder Zielposition befinden[50]. Dabei können neue Vorrangrestriktionen auftreten, die bis dahin noch nicht erkannt wurden.

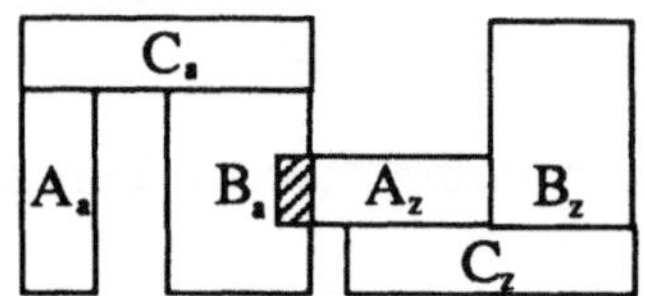

Abb. 2.16: Bsp. 9: Durchdringung von Bauteilen der Ausgangs- und der Zielanordnung

Ein Beispiel dafür ist in Abb. 2.16 gegeben: Drei Teile A, B und C sollen aus der Ausgangsanordnung[51] entnommen und in die dargestellte Zielanordnung[52] gebracht werden. Die Raumvolumina, welche die drei Teile in der Ausgangsanordnung belegen, sollen mit A_a, B_a und C_a bezeichnet werden, die Raumvolumen, die sie in der Zielanordnung belegen, mit A_z, B_z und C_z.

---

[49]Durchdringungsverbot, Stabilitätsforderung, Vermeidung von Seiteneffekten

[50]Es muß also beispielsweise das Durchdringungsverbot zwischen Bauteilen, die sich in Ihrer Ausgangslage befinden, mit solchen, die sich bereits in ihrer Zielposition befinden, betrachtet werden.

[51]linke Seite in Abb. 2.16

[52]rechte Seite in Abb. 2.16

Man benötigt dazu drei Pick-Operationen A^-, B^-, C^- und drei Place-Operationen A^+, B^+, C^+. Der Vorranggraph, der die Ausführung dieser Aufgabe beschreibt, beinhaltet neben den sechs genannten Knoten vier Klassen von Vorrangrestriktionsmengen.

1. Vorrangrestriktionen, welche die Demontage der Ausgangsanordnung einschränken, nämlich $\pi(C^-, B^-)$ und $\pi(C^-, A^-)$.

2. Vorrangrestriktionen bezüglich der Montage der Zielanordnung. Dies sind: $\pi(C^+, B^+)$ und $\pi(C^+, A^+)$.

3. Vorrangrestriktionen, die sich aufgrund der notwendigen Verkettungen zusammengehörender Pick- und Place-Operationen ergeben. Dies ist bei diesem Beispiel eindeutig, da von jedem Teiletyp jeweils nur ein Exemplar vorhanden ist. Daher gelten die Vorrangrestriktionen: $\pi(A^-, A^+), \pi(B^-, B^+)$ und $\pi(C^-, C^+)$.

4. Vorrangrestriktionen, welche die Wechselwirkung von Bauteilen der Ausgangsanordnung mit Bauteilen der Zielanordnung berücksichtigen. Da sich die Raumvolumina B_a und A_z durchdringen, darf das Teil A erst dann an seine Zielposition gebracht werden, wenn das Teil B aus der Ausgangsanordnung entfernt worden ist. Es gilt somit die Vorrangrestriktion $\pi(B^-, A^+)$.

Der Vorranggraph und der dazugehörige P&P-Graph für das gezeigte Beispiel ist in Abb. 2.17 dargestellt.

Die Vorrangrestriktion der vierten Klasse stellt eine neue Information dar, die in den bis dahin abgeleiteten Vorrangrestriktionsmengen noch nicht enthalten war. Daher schränkt sie die Menge der möglichen Ordnungen der auszuführenden Montageoperationen weiter ein. Die Regel dafür lautet:

Regel 2.7 *Gegeben sei eine Menge von n Teilen $\{B_1, \ldots, B_n\}$, die sich in einer Ausgangsanordnung befinden und in eine Zielanordnung gebracht werden sollen. Das Bauteil B_i mit $i \in \{1, \ldots, n\}$ belege in seiner Ausgangsposition das Raumvolumen $\{B_{ai}\}$ und in seiner Zielposition das Raumvolumen $\{B_{zi}\}$. Wenn eine Durchdringung zwischen den Volumina B_{ai} und B_{zj} mit $i, j \in \{1, \ldots, n\}$ existiert, so gilt die Vorrangrestriktion*[53] $\pi(B_i^-, B_j^+)$.

---

[53] Aufgrund von Regel 2.7 können im Vorranggraphen nur Kanten entstehen, die von Pick-Operationen zu Place-Operationen führen. Daraus folgt, daß durch diese Klasse von Vorrangrestriktionen keine Zyklen entstehen können.

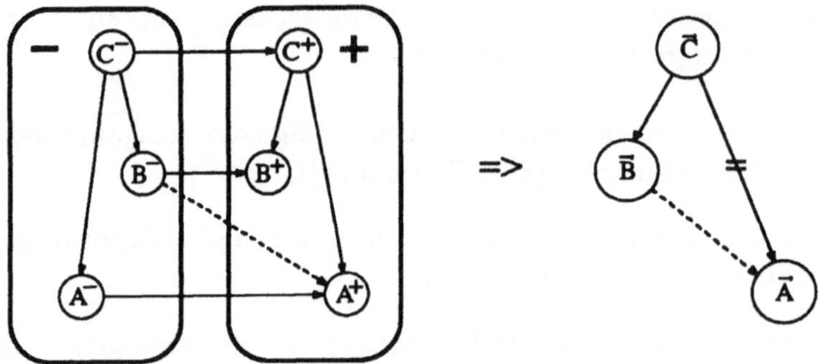

Abb. 2.17: Zu Bsp. 10: Verketteter Graph und P&P-Graph

Auf ähnliche Weise können auch für die Stabilitäts- und Robustheitsforderung Regeln aufgestellt werden, die eine etwaige Wechselwirkung von Teilen der Ausgangsanordnung mit Teilen der Zielanordnung berücksichtigen[54].

2.3 Betrachtung von Ausgangs- und Zielanordnung und eines Agenten

Die bis dahin gewonnenen Vorrangrestriktionen sind unabhängig davon, durch welche Agenten die einzelnen Montageoperationen ausgeführt werden. Dieses Kapitel schließt nun den ausführenden Agenten mit in die Betrachtung ein, wodurch weitere Vorrangrestriktionen entdeckt werden können. Dies ist beispielsweise dann der Fall, wenn die Bewegungsplaung feststellt, daß ein bestimmtes, bereits montiertes Teil X ein Hindernis darstellt und nur dann eine Bahn gefunden werden kann, wenn die Montageoperation vor der Montage von X ausgeführt wird.

Zuerst soll nun das in Kapitel 2.1.1 vorgestellte *Durchdringungsverbot* dazu verwendet werden, Vorrangrestriktionen abzuleiten, die durch die ausführenden Agenten entstehen. Dazu müssen allerdings Ausgangs- und Zielpo-

---

[54]Dies soll hier jedoch nicht weiter untersucht werden. Es wird im Folgenden deswegen davon ausgegangen, daß sich die Teile der Ausgangsanordnung in ausreichend großem Abstand zu dem Ort befinden, wo sie montiert werden sollen, so daß keine Wechselwirkungen auftreten können.

sitionen aller Einzelteile und der Standort des Roboters relativ dazu bereits
festgelegt sein.

Aus den Pick-Operationen, den Place-Operationen und den Vorrangrestriktionen kann, wie im Beispiel von Abb.2.16 gezeigt wurde, ein Graph gewonnen werden, der den gesamten Montageablauf beschreibt. Da ein Graph
i.a. nur eine partielle Ordnung der Montageoperationen festlegt, läßt er
bezüglich der Montagereihenfolge Alternativen zu, was bei der späteren
Ausführung vorteilhaft sein kann. Daher ist es wichtig, diese Freiheitsgrade
auch über die Detailplanungsphase hinaus zu erhalten und sie nicht durch
eine willkürliche Sequentialisierung zu "verschenken". Unter "Detailplanung" soll die Festlegung aller Größen zu verstehen sein, welche die Art der
Ausführung einer Montageoperation beeinflussen. Dazu gehören mehrere
Planungsphasen, die systematisch aufeinander aufbauen und jeweils auf die
Planung bestimmter Details spezialisiert sind, wie z.B.:

1. Auswahl der Agenten[55]

2. Planung der Bahnparameter[56] für die einzelnen Roboterbewegungen

3. Planung von Korridoren[57]

4. Planung der Meßaufgaben

Wenn der Detailplanung die zu planende Aufgabe in geeigneter Weise prä-
sentiert wird, können die Freiheitsgrade von Vorranggraphen bei der Detaillierung erhalten bleiben. Anhand von Beispielen soll nun gezeigt werden,
wie innerhalb der einzelnen Detailplanungsphasen weitere Vorrangrestriktionen entdeckt werden können.

2.3.1 Die Schnittstelle zur Detailplanung

Da Detailplanungsmodule i.a. sehr aufwendig sind, sollten sie auf der Grundlage der bereits bekannten Vorrangrestriktionen planen, die zuvor durch
die Analysemodule entdeckt wurden. Dazu wird der gewonnene Vorranggraph in eine für einen Detailplaner notwendige Darstellung umgeformt.
Die Module zur Detailplanung benötigen jeweils eine Beschreibung der zu

---

[55]Robotertyp, Greifertyp
[56]Geometrie, Dynamik
[57]Sicherheitsbereiche für die geplanten Bahnen

planenden Montageoperationen und eine Beschreibung der "Weltzustände", die vor bzw. nach diesen Operationen herrschen[58]. Aufgrund der Freiheitsgrade von Vorranggraphen[59] sind zum Zeitpunkt einer Montageoperation verschiedene Weltzustände möglich, da unabhängige Montageoperationen bereits ausgeführt sein können oder nicht. Um diese Schwierigkeit zu umgehen, ohne eine willkürliche Sequentialisierung herbeizuführen, verfolgt die vorliegende Arbeit den Ansatz, die alternativ möglichen Weltzustände nicht getrennt zu betrachten, sondern stattdessen einen fiktiven Weltzustand zu konstruieren, der sich durch die Vereinigung der möglichen Weltzustände ergibt. Zu jeder zu planenden Aktion wird also ein Weltzustand konstruiert, der die Verhältnisse des Vorranggraphen widerspiegelt.

Der fiktive Weltzustand zum Zeitpunkt der Montage eines Bauteils A läßt sich wie folgt konstruieren ($X, Y, Z \neq A$):

- Wenn der Vorranggraph verlangt, daß eine Montageoperation X^+ vor der Montage von A ausgeführt werden muß, muß das Objekt X_z im fiktiven Weltzustand enthalten sein[60].

- Wenn der Vorranggraph verlangt, daß eine Montageoperation Y^- nach der Montage von A ausgeführt werden muß, muß das Objekt Y_a im fiktiven Weltzustand enthalten sein[61].

- Für jede von der Montage des Bauteils A unabhängige Montageoperation, die ein Bauteil Z betrifft, sind die Objekte Z_a und Z_z im fiktiven Weltzustand enthalten[62].

Die zu planenden Aktionen und die dazugehörigen fiktiven Weltzustände lassen sich in sogenannten "Aktion-/Situation-Listen" oder kurz "AS-Listen" darstellen.

Die Transformation eines Vorranggraphen in eine AS-Liste soll nun für den in Abb. 2.18 dargestellten einfachen Graphen durchgeführt werden. Zu dem Zeitpunkt, zu dem die Operation A^+ durchgeführt wird, müssen sich die

---

[58]Darunter ist eine Beschreibung aller in der Szene vorhandenen Montageteile zusammen mit deren Positionen zu verstehen.

[59]Die Reihenfolge unabhängiger Operationen ist nicht festgelegt!

[60]Das Objekt X befindet sich während der Montage von A an seiner Zielposition.

[61]Das Objekt Y befindet sich während der Montage von A an seiner Ausgangsposition.

[62]Es wird davon ausgegangen, daß es zwei Objekte Z und Z' gibt, wobei sich Z an seiner Ausgangsposition und Z' sich an der für Z vorgesehenen Zielposition befindet.

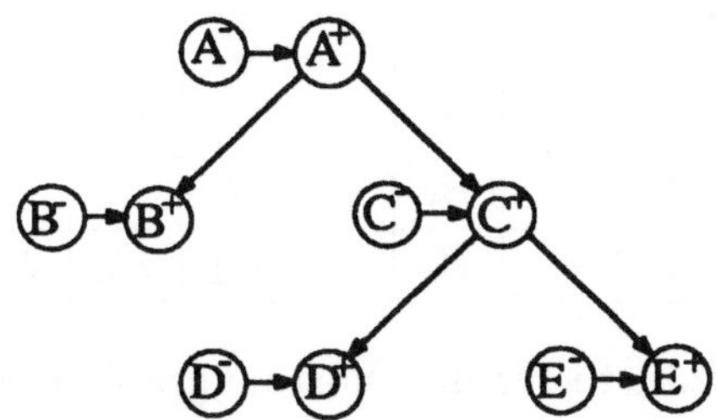

Abb. 2.18: Ein einfacher Vorranggraph

anderen Bauteile noch an ihrer Ausgangsposition befinden. Die Teilaufgabe, die von der Detailplanung auszuführen ist, lautet somit:

- Gegeben sei die Situation, bestehend aus den Objekten B, C, D und E, die sich jeweils an ihrer Ausgangsposition befinden.

- Plane die Aktion A^+

Wenn hingegen die Operation B^+ durchgeführt wird, ist durch den Graphen nicht festgelegt, ob die Operationen des parallelen Zweigs C^+, D^+, E^+ bereits ausgeführt sind oder nicht. Jedes der Objekte C, D und E kann sich deshalb noch an seiner Ausgangsposition befinden, oder bereits an seiner Zielposition sein. Es sind also zum Ausführungszeitpunkt mehrere unterschiedliche Situationen denkbar. Um alle relevanten Situationen zu berücksichtigen, bildet man die Vereinigung der möglichen Situationen. Die Planungsaufgabe lautet dann:

- Gegeben sei die Situation, bestehend aus dem Objekt A, das sich an seiner Zielposition befindet, den Objekten C, D und E, die sich an ihrer Ausgangsposition befinden, und den Objekten C, D und E, die sich an ihrer Zielposition befinden.

- Plane die Aktion B^+

Die AS-Liste für den Graphen aus Abb. 2.18 ist in Tab. 2.7 dargestellt. Dabei wurde auf die Pick-Operationen verzichtet, für die in dem gezeigten Beispiel dieselbe Situation vorliegt wie bei den entsprechenden Place-Operationen.

Aktion	Beschreibung der Situation								
A^+		B_a		C_a		D_a		E_a	
B^+	A_z			C_a	C_z	D_a	D_z	E_a	E_z
C^+	A_z	B_a	B_z			D_a		E_a	
D^+	A_z	B_a	B_z		C_z			E_a	E_z
E^+	A_z	B_a	B_z		C_z	D_a	D_z		

Tab. 2.7: AS-Liste für den Vorranggraphen aus Abb. 2.18

Ein Nachteil dieses Ansatzes besteht darin, daß aufgrund der Vereinigung von Hindernismengen die Detailplaner gezwungen sind, einen Detailplan für einen komplexeren Weltzustand zu planen, als er in Wirklichkeit gegeben ist. Dafür kann darauf verzichtet werden, eine Montageoperation für verschiedene Weltzustände zu planen[63].

2.3.2 Ableitung von Vorrangrestriktionen durch Detailplanungsmodule

Es ist prinzipiell möglich, daß Detailplanungsmodule weitere Vorrangrestriktionen entdecken. Dies ist beispielsweise dann der Fall, wenn der Roboter die für ihn günstigste Bahn nicht fahren kann, da ihm Montageteile im Weg sind. Falls es keinen Umweg gibt oder ein Umweg zu aufwendig ist, muß der Roboter die entsprechende Bahn zu einem Zeitpunkt fahren, an dem die Hindernisse noch nicht[64] vorhanden sind.

Voraussetzung für das Ableiten weiterer Vorrangrestriktionen ist es, daß die Detailplanungsmodule die Hindernisse identifizieren können, die einer Lösung im Weg stehen. Die resultierenden Vorrangrestiktionen ergeben sich aus der folgenden Regel:

Regel 2.8 *Gegeben sei die Aufgabe, das Bauteil X in eine bestimmte Zielposition zu bringen. Wenn die Montageoperation X^+, welche diese Aufgabe lösen würde, deswegen nicht ausgeführt werden kann, weil ein Bauteil Y an dessen Ausgangsposition im Weg liegt[65], so ergibt sich daraus die Vorrangrestriktion $\pi(Y^-, X^+)$. Ist die Montageoperation X^+ deswegen nicht*

---

[63]Dies können u.U. sehr viele sein.

[64]oder nicht mehr

[65]Y_a ist ein Hindernis!

ausgeführt werden kann, weil ein Bauteil Y an dessen Zielposition im Weg liegt[66]*, so ergibt sich die Vorrangrestriktion $\pi(X^+, Y^+)$.*

Eine entsprechende Regel kann ebenfalls für die Aufgabe[67] X^- formuliert werden.

Prinzipiell kann die oben genannte Regel in jeder Detailplanungsphase Anwendung finden. Dies soll nun für folgende Detailplanungsphasen gezeigt werden:

1. Auswahl des Greifers bzw. des Roboters

2. Planung kollisionsfreier Bahnen mit Sicherheitsbereichen

3. Planung von Meßaufgaben

Die Wahl des Greifertyps und des Robotertyps

Das folgende Beispiel soll zeigen, wie die Wahl eines Greifers zu weiteren Vorrangrestriktionen führen kann. Abb. 2.19 zeigt zwei Bauteile A und B in ihrer Ausgangsanordnung und in ihrer Zielanordnung[68]. Die Aufgabe bestehe darin, die zwei Teile A und B an ihrer Ausgangsposition aufzunehmen und sie an ihre Zielposition zu bringen.

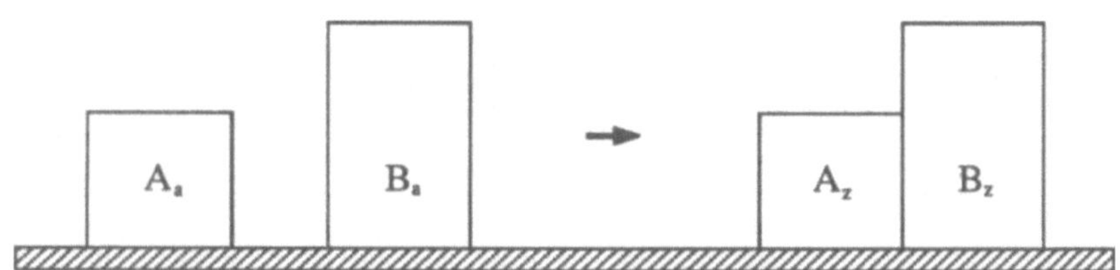

Abb. 2.19: Bsp. 11: Umsetzen zweier Würfel (Ausgangs- und Zielanordnung)

---

[66]Y_z ist ein Hindernis!

[67]Hole Teil X von seiner Ausgangsposition

[68]Die Raumvolumina, welche die Bauteile belegen, seien mit A_a, B_a (Ausgangsanordnung) bzw. mit A_z, B_z (Zielanordnung) bezeichnet.

Zwischen den beiden Teilen A und B bestehen weder aufgrund des Durchdringungsverbots noch aufgrund der Stabilitätsforderung irgendwelche Abhängigkeiten[69]. Daher existieren für diese Aufgabe keine Vorrangrestriktionen. Der Vorranggraph für diese Aufgabe enthält als Knoten die Menge $\Omega = \{A^-, B^-, A^+, B^+\}$ und als Kanten die leere Menge $\Pi = \{\}$. Es ergibt sich für die Aktionen A^- und A^+ somit die Situation $\{B_a, B_z\}$, und für die Aktionen B^- und B^+ die Situation $\{A_a, A_z\}$.

Es soll nun ein Greifertyp verwendet werden, der die Objekte nur direkt von oben greifen kann, wie in Abb. 2.20 gezeigt ist. Alternative Griffe seien nicht gegeben. Bei der Detaillierung der Aktion A^+ zeigt sich nun das Problem, daß der Greifer wegen des Hindernisses B_z das Teil A nicht an dessen Zielposition bringen kann. Die Anwendung von Regel 2.8 führt zu der Vorrangrestriktion $\pi(A^+, B^+)$. D.h., der gegebene Greifertyp kann nur dann verwendet werden, wenn zuerst das Teil A an seine Zielposition gebracht wird, wodurch bei der Aktion A^+ das Hindernis B_z nicht vorhanden ist. Durch Hinzufügen dieser Vorrangrestriktion ändert sich der ursprüngliche Vorranggraph und damit auch die entsprechende AS-Liste. Die zur Aktion A^+ gehörende Situation enthält danach nur noch das Hindernis B_a, während die zu B^+ gehörende Situation nur noch aus dem Hindernis A_z besteht. Wird mit der neuen AS-Liste erneut die Detailplanung durchgeführt, so tritt das oben gezeigte Problem nicht mehr auf[70].

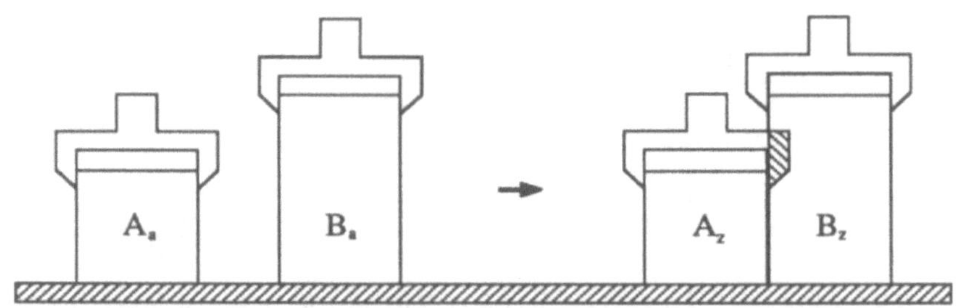

Abb. 2.20: Bsp. 11 mit Greifern an Greifpositionen

---

[69]Die physikalischen Verhältnisse seien außerdem derart, daß auch keine Seiteneffekte auftreten können.

[70]In ähnlicher Weise kann bei der Wahl des Roboters vorgegangen werden. Dort werden dann entsprechend Durchdringungen von Gelenken mit Bauteilen betrachtet.

Die Bahnplanung

Bei den bisher angestellten Überlegungen wurde ausschließlich auf Durchdringungen geachtet, die zwischen dem Greifer bzw. dem Roboter und Montageteilen auftraten, während sich der Greifer in Greifposition, der Roboter in Start- oder Zielkonfiguration befand. Es wurde also nicht überprüft, ob zwischen Start- und Zielkonfiguration des Roboters eine kollisionsfreie Bahn existiert. Würde die Durchdringung nicht an den Bahnendpunkten, sondern an irgendwelchen Bahnzwischenpunkten auftreten, wäre erst das Detailplanungsmodul "Bahnplanung" in der Lage, Vorrangrestriktionen zu entdecken. Auch hier kann dann Regel 2.8 verwendet werden, um sich ergebende Vorrangrestriktionen abzuleiten. Es soll dazu angenommen werden, daß bei der Planung der kollisionsfreien Bahnen nicht nur die exakte Bahn, sondern auch zusätzlich ein "Korridor" bestimmt werden soll, innerhalb dessen ohne Kollisiongefahr von der vorgesehenen Bahn abgewichen werden darf. Dies hat zwei Vorteile:

- Die Bahn kann innerhalb der Korridorgrenzen abhängig von dem gewünschten Zeitverhalten geglättet und dadurch schneller durchfahren werden.

- Da bei der Ausführung von Bewegungen durch einen realen Roboter mit Bahnabweichungen gerechnet werden muß, kann ein Korridor benutzt werden, um trotz leichter Positionsabweichungen die Montageoperation innerhalb der Korridorgrenzen sensorgeführt ausführen zu können.

Diese Vorteile können jedoch nur dann genutzt werden, wenn sich keine Bauteile innerhalb des Korridors befinden. Deshalb wird gefordert, daß sich zum Zeitpunkt, zu dem die Bahn gefahren werden soll, Hindernisse entweder noch nicht oder aber nicht mehr innerhalb des Korridors befinden dürfen.

Ein ähnliches Problem[71], das ebenfalls Einfluß auf die Aktionsfolge haben kann, entsteht dann, wenn zwei Roboter gleichzeitig eine Montageaufgabe bearbeiten. Da zwei Aktionen, für die von den Robotern derselbe Arbeitsraum benötigt wird, nicht gleichzeitig ausgeführt werden können, müssen sie nacheinander erfolgen.

---

[71]s. Abschnitt 5.5.6

Die Planung von Meßaufgaben

Bei der Planung von Meßaufgaben kann es sich ebenfalls herausstellen, daß bestimmte Objekte bei der Messung stören können, wenn sie sich zum Zeitpunkt der Messung in der Szene befinden. Der Grund hierfür können Reflexionen oder Schatten sein, die durch die bereits montierten oder noch nicht entnommenen Bauteile verursacht werden können, oder aber sie verdecken direkt den Sichtbereich von Sensoren, so daß keine aussagekräftige Messung durchgeführt werden kann. Auch hier wird gefordert, daß das störende Bauteil zum Zeitpunkt der Messung noch nicht bzw. nicht mehr an der Stelle steht, an der es zu einer Störung führen würde.

Kapitel 3

Die Erzeugung von Vorranggraphen

Diese Kapitel befaßt sich mit der Problematik, wie Vorranggraphen aus Vorrangrestriktionen erzeugt werden können.

In Kapitel 2 wird eine Reihe von Randbedingungen[1] genannt, die bei der Ausführung von Montageaufgaben zu beachten sind. Darauf basierend werden verschiedene Regeln aufgestellt, mit deren Hilfe Vorrangrestriktionen abgeleitet werden können. Zur Gewinnung aller Vorrangrestriktionen wird folgende Systematik angewendet:

1. Man betrachtet zuerst nur den Zielzustand, d.h. die gewünschte Anordnung der Montageteile, und den Ausgangszustand, in dem sich die Montageteile befinden. Mit Hilfe der aufgestellten Regeln können Sätze von Vorrangrestriktionen gewonnen werden, die zwischen den einzelnen Pick- bzw. Place-Operationen gelten. Bei der zweiten Betrachtungsstufe wird außerdem mitberücksichtigt, in welcher Lage sich die Montageanordnung befindet. Die Form des Montagetisches wird dabei ebenfalls berücksichtigt.

2. Bei der anschließenden Verkettung von Pick-Operationen mit Place-Operationen werden Vorrangrestriktionen festgelegt, die zusammengehörende Pick- und Place-Operationen einander zuordnen. Dies ist dann nicht trivial, wenn die Montageaufgabe mehrere Bauteile desselben Typs enthält.

3. Durch die gleichzeitige Betrachtung von Teilen, die sich noch in Ausgangsposition befinden und Teilen, die sich bereits in Zielposition be-

---

[1]Durchdringungsverbot, Stabilitätsforderung, Robustheit

finden, werden Vorrangrestriktionen entdeckt, die auf der Wechselwirkung dieser beiden Klassen von Teilen beruhen.

4. Wenn die relative Lage zwischen der Ausgangsanordnung und der Zielanordnung festliegt, wird untersucht, welche Vorrangrestriktionen aufgrund des verwendeten Greifers gefordert werden müssen. Liegt außerdem der Roboterstandort fest, können die Vorrangrestriktionen abgeleitet werden, die sich aufgrund des verwendeten Robotertyps ergeben.

5. Danach wird untersucht, welche Bahn[2] der Roboter zur Ausführung der einzelnen Operationen fahren muß und welche Vorrangrestriktionen dazu gefordert werden müssen.

6. Aufgrund der Sensoroperationen, die im Lauf der Montage ausgeführt werden müssen, können sich weitere Vorrangrestriktionen ergeben.

Bei der Untersuchung einfacher Montageaufgaben hatte sich bereits gezeigt, daß die Anwendung einer der eingeführten Regeln nicht nur zu einzelnen Vorrangrestriktionen, sondern zu sogenannten Sätzen[3] von Vorrangrestriktionen führen kann, die zahlreiche, alternative Vorrangrestriktionsmengen enthalten. Dadurch läßt sich der Vorranggraph nicht mehr einfach durch die Vereinigung der abgeleiteten Vorrangrestriktionen gewinnen. Ein Montageablauf, der allen Randbedingungen gerecht werden soll, muß von jedem der abgeleiteten Sätze *eine* der alternativen Vorrangrestriktionsmengen enthalten, die untereinander jedoch nicht widersprüchlich sein dürfen. Es entsteht somit eine Menge alternativer Vorranggraphen, die aus der Kombination der verschiedenen alternativen Vorrangrestriktionsmengen resultiert. Diese Menge kann u.U. so groß sein, daß der Aufwand für die Erzeugung aller Vorranggraphen zu hoch ist. Daher wird in der vorliegenden Arbeit ein heuristisches Suchverfahren[4] eingesetzt, das aus einer Menge von teilweise entwickelten Vorranggraphen denjenigen auswählt, der für eine weitere Planung am "günstigsten" erscheint, und diesen weiterentwickelt. Bevor dieser "Syntheseprozeß" beschrieben wird, sollen zwei mögliche Bewertungsfunktionen eingeführt werden, mit denen entschieden werden kann, wann ein bestimmter Vorranggraph günstig ist.

---

[2]Geometrie, Dynamik
[3]s. Def. 2.3
[4]branch and bound

3.1 Die Bewertung von Vorranggraphen

Vorranggraphen beschreiben eine partielle zeitliche Ordnung von Aktionen. Es ist deshalb naheliegend, Graphen entweder nach der für die Ausführung benötigten Zeitdauer oder nach dem Grad der Parallelität zu bewerten. Zum Zeitpunkt der Bewertung ist über die Dauer der einzelnen Aktionen jedoch noch nichts bekannt[5]. Daher kann die Dauer, die zur Ausführung eines Vorranggraphen benötigt wird, nicht für die Bewertung herangezogen werden. Stattdessen sollen Vorranggraphen lediglich aufgrund ihrer Struktur beurteilt werden.

Die erste Heuristik beruht auf der Tatsache, daß Vorranggraphen keine Zyklen enthalten dürfen, da sie sonst nicht ausführbar sind. Es wird daher die *Zykluswahrscheinlichkeit* eingeführt, die ein Maß dafür darstellen soll, wie weit ein Graph davon entfernt ist, zyklisch zu sein.

Definition 3.1 *Gegeben sei ein Vorranggraph $G = (\Omega, \Pi)$. Unter der "Zykluswahrscheinlichkeit" $p_\odot(G)$ versteht man die Wahrscheinlichkeit, daß G nach zufälliger Hinzunahme einer weiteren Kante[6], die keine Schleife sein darf, zyklisch ist. Dabei wird davon ausgegangen, daß jede mögliche Kante mit gleicher Wahrscheinlichkeit auftreten kann.*

Die Bestimmung der Zykluswahrscheinlichkeit erfolgt über den zu G gehörenden Hüllgraphen. Darunter versteht man den Graphen $G^* = (\Omega, \Pi^*)$ mit derselben Knotenmenge wie G, und einer Kantenmenge $\Pi^* \supseteq \Pi$, die sowohl die Kanten aus Π enthält als auch die Kanten, die sich aufgrund der Transitivität ergeben. Erweitert man die Kantenmenge Π des Graphen G um eine beliebige Kante $\pi(\omega_i, \omega_j)$, $\omega_i \neq \omega_j$, so entsteht ein Zyklus genau dann, wenn die entgegengesetzte Kante $\pi(\omega_j, \omega_i)$ in dem zu G gehörenden Hüllgraphen enthalten ist. Die Zykluswahrscheinlichkeit ergibt sich somit zu

$$p_\odot(G) = \frac{Anzahl\ der\ Kanten\ des\ H\ddot{u}llgraphen}{Anzahl\ der\ m\ddot{o}glichen\ Kanten} = \frac{|\Pi^*|}{|\Omega|\,(|\Omega| - 1)}$$

Bei der Konstruktion von Graphen erhält das Synthesemodul die Sätze, die durch Anwendung der verschiedenen Regeln abgeleitet wurden, nacheinander. Da das Ziel der Synthese darin besteht, einen zyklenfreien Graphen aus

---

[5] Dies ist frühestens nach der Detailplanung der Fall.
[6] eine Vorrangrestriktion

den eintreffenden Vorrangrestriktionen zu konstruieren, ist es naheliegend, den Graphen zu begünstigen, der noch möglichst viele unterschiedliche Kanten aufnehmen kann, ohne dabei zyklisch zu werden. Es bietet sich daher folgendes Kriterium an:

Kriterium 3.1 *Je kleiner die Zykluswahrscheinlichkeit eines Graphen ist, desto "günstiger" ist er.*

Die zweite Heuristik betrachtet nicht den Aspekt, in welcher Reihenfolge die verschiedenen Vorrangrestriktionen eingebaut werden, sondern den *Freiheitsgrad*, den ein Vorranggraph bezüglich der Ausführung erlaubt. Ein Vorranggraph ordnet die Operationen i.a. nur partiell, d.h., die Reihenfolge bestimmter Teilmengen von Operationen ist nicht festgelegt. Dies kann bei der späteren Ausführung aus zwei Gründen vorteilhaft sein:

1. Montageoperationen, zwischen denen keine Vorrangrestriktionen bestehen, können gleichzeitig ausgeführt werden, sofern mehrere Roboter vorhanden sind. Somit läßt sich die Montageaufgabe in kürzerer Zeit erledigen.

2. Die nächste auszuführende Operation kann gegebenenfalls aus einer Menge von Operationen zur Ausführungszeit ausgewählt werden, wodurch die Ausführung wesentlich flexibler wird.

Um dieses Maß genauer beschreiben zu können, werden die beiden folgenden Definitionen benötigt:

Definition 3.2 *Gegeben sei ein Vorranggraph $G = (\Omega, \Pi)$. Unter einer "gültigen Sequenz" von G versteht man eine lineare Folge aller Montageoperationen aus Ω, deren Ordnung keine der in Π enthaltenen Vorrangrestiktion verletzt*[7].

Definition 3.3 *Gegeben sei ein Vorranggraph $G = (\Omega, \Pi)$. Unter der "Sequenzzahl $S(G)$" versteht man die Anzahl aller gültigen Sequenzen, die sich aus G ableiten lassen*[8].

---

[7] Bei einem zyklischen Graphen kann es keine gültige Sequenz geben, bei einem Graphen mit leerer Kantenmenge existieren hingegen $|\Omega|$!

[8] Demnach ist die Sequenzzahl eines zyklischen Graphen $= 0$.

Dazu ein Beispiel:

Aus dem Vorranggraphen aus Abb. 2.1 lassen sich folgende gültige Sequenzen ableiten:

$$
\begin{array}{rl}
1. & (1,2,3,4,5) \\
2. & (1,2,3,5,4) \\
3. & (1,3,2,4,5) \\
4. & (1,3,2,5,4) \\
5. & (1,3,4,2,5) \\
6. & (1,3,4,5,2) \\
7. & (1,3,5,2,4) \\
8. & (1,3,5,4,2)
\end{array}
$$

Daher beträgt die Sequenzzahl 8.

Die folgende Heuristik geht nun davon aus, daß ein Vorranggraph besonders dann für eine weitere Detaillierung geeignet ist, wenn er in möglichst vielen verschiedenen Reihenfolgen abgearbeitet werden kann.

Kriterium 3.2 *Je größer die Sequenzzahl eines Vorranggraphen ist, desto "günstiger" ist er.*

Die Begründung besteht darin, daß sich im Laufe des Planungsprozesses in der Regel manche Sequenzen als ungeeignet erweisen, und es daher wahrscheinlicher ist, daß bei Vorranggraphen mit hoher Sequenzzahl wenigstens eine gültige Sequenz den Planungsprozeß "überlebt".

Die folgenden Beispiele sollen zeigen, daß die beiden genannten Bewertungsfunktionen bei ihren Bewertungen zu unterschiedlichen Ergebnissen kommen können.

Dazu soll zuerst eine Menge von Graphen betrachtet werden, die bestimmte Eigenschaften gemeinsam besitzen. Sie sollen jeweils sechs Knoten und sechs nicht-redundante Kanten enthalten und eine Ebenenzahl von vier besitzen. Abb. 3.1[9] zeigt die verschiedenen Graphen, die nach Zykluswahrscheinlichkeit $p_{\odot}$ und Sequenzzahl S bewertet wurden. Die Ergebnisse sind in

---

[9]Zur Vereinfachung wurde darauf verzichtet, die Richtung der Kanten explizit durch Pfeile auszudrücken. Es soll jedoch vereinbart werden, daß die Kantenrichtung der dargestellten Graphen einheitlich von oben nach unten weist.

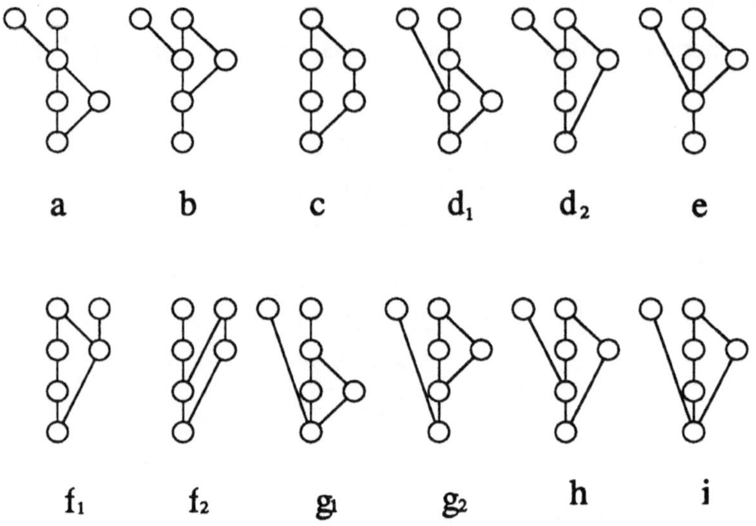

Abb. 3.1: Eine Graphenfamilie (6 Knoten, 6 Kanten, 4 Ebenen)

Tab. 3.1 zusammengefaßt. Bei der betrachteten Graphenmenge ist die Sequenzzahl feiner abgestuft als die Zykluswahrscheinlichkeit. Beispielsweise beträgt die Zykluswahrscheinlichkeit der Graphen c, d_1, d_2 und e einheitlich $\frac{11}{30}$, während sich die Sequenzzahl im Bereich von 6 bis 8 bewegt. Dennoch stellt auch die Sequenzzahl keine eindeutige Bewertung dar, da verschiedene Graphen durchaus dieselbe Sequenzzahl besitzen können[10]. Die Beispiele aus Abb. 3.1 zeigen, daß eine höhere Sequenzzahl nicht notwendigerweise mit einer niedrigeren Zykluswahrscheinlichkeit verbunden ist[11].

Graph Nr.	a	b	c	d_1, d_2	e	f_1, f_2	g_1, g_2	h	i
$p_\odot \cdot 30$	13	12	11	11	11	10	10	10	9
S	4	5	6	7	8	9	10	11	15

Tab. 3.1: Bewertung der Graphen aus Abb. 3.1

Beim nächsten Beispiel (Abb. 3.2) erzielen die beiden Bewertungskriterien sogar entgegengesetzte Ergebnisse, was die Güte der beiden Graphen betrifft. Die Zykluswahrscheinlichkeit des linken Graphen ist niedriger als die

---

[10]z.B. d_1 und d_2

[11]z.B. c und d_1

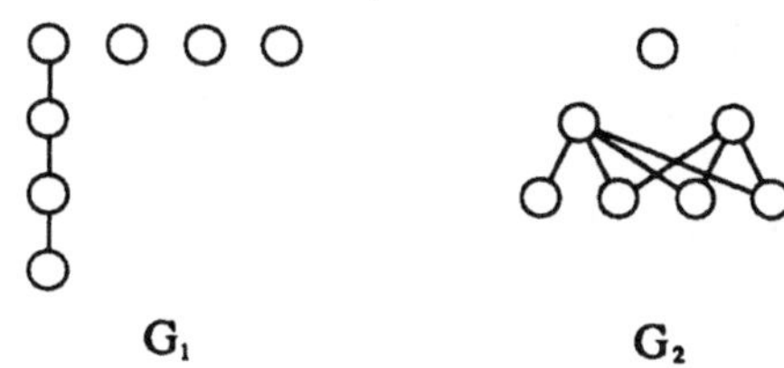

G₁　　　　　　　　　　**G₂**

Abb. 3.2: Zwei Graphen, die entgegengesetzt bewertet werden

des rechten Graphen[12]. Der Graph G_1 erscheint aufgrund des Bewertungskriteriums 3.1 günstiger als G_2, da er mehr Vorrangrestriktionen aufnehmen kann, ohne dadurch zyklisch zu werden. Berechnet man für die beiden Graphen jedoch die Sequenzzahlen, so ergibt sich, daß die Sequenzzahl des linken Graphen niedriger ist als die Sequenzzahl des rechten Graphen[13], weshalb G_2 dem Graphen G_1 vorgezogen werden sollte. Das Ergebnis des Suchverfahrens hängt also wesentlich davon ab, welches der beiden genannten Bewertungskriterien eingesetzt wird[14].

3.2　Bestimmung von günstigen Vorranggraphen

In Kapitel 2 wurden verschiedene Regeln aufgestellt, mit denen für eine gegebene Montageaufgabe Vorrangrestriktionen abgeleitet werden können. Das Ergebnis der verschiedenen Analyse- und Detailplanungsmodule ist jeweils ein Satz $\widetilde{M}^\vee$ von Vorrangrestriktionsmengen[15], der entweder leer ist oder eine bzw. mehrere Mengen $M_i^\wedge$ von Vorrangrestriktionen enthält mit $i = 1, \ldots, |\widetilde{M}^\vee|$.

---

[12] $p_\odot(G_1) = \frac{6}{7\cdot6} = \frac{1}{7} < \frac{1}{6} = \frac{7}{7\cdot6} = p_\odot(G_2)$, Somit G_1 günstiger als G_2!

[13] $S(G_1) = 7\cdot6\cdot5 = 210 < 378 = 7\cdot(4!+3!+4!) = S(G_2)$, Somit G_2 günstiger als G_1!

[14] Aufgrund der unterschiedlichen Resultate der beiden Bewertungsfunktionen bietet es sich an, diese kombiniert zu verwenden. Z.B. könnte man das Kriterium 3.1 als Hauptkriterium einsetzen und erst, wenn es mehrere Graphen gibt, die sich die höchste Bewertung teilen, das Kriterium 3.2 zur genaueren Unterscheidung heranziehen.

[15] s. Def. 2.3

Die Aufgabe besteht nun darin, aus der Menge der in der Analysephase abgeleiteten Sätze einen Vorranggraphen zu erzeugen. Dies soll im Folgenden genauer formuliert werden:

Gegeben seien z Sätze $\widetilde{M}_1^\vee, \ldots, \widetilde{M}_z^\vee$, wobei der i-te Satz[16] die Vorrangrestriktionsmengen $M_{i1}, \ldots, M_{1|\widetilde{M}_i^\vee|}$ enthalte.

Gesucht ist ein Vorranggraph $G = (\Omega, \Pi)$,

- der aus jedem der z Sätze mindestens eine Vorrangrestriktionsmenge enthält, d.h.

$$\forall\, i \in \{1, \ldots, z\}\ \exists\, M_i^* \in \widetilde{M}_i^\vee : M_i^* \subseteq \Pi$$

  und

- der möglichst günstig[17] ist.

Die Erzeugung und Bewertung *aller* Kombinationen kann dabei wegen der großen Anzahl von vornherein ausgeschlossen werden[18]. In der vorliegenden Arbeit wird ein Verfahren vorgeschlagen, bei dem die Kantenmenge Π des gesuchten Vorranggraphen schrittweise aus der gegebenen Menge von Sätzen konstruiert wird. Ausgehend von einem Graphen mit einer leeren Kantenmenge erzeugt man alle Kombinationen, die dadurch entstehen, daß man die Kantenmenge des Ausgangsgraphen mit jeweils einer Vorrangrestriktionsmenge des nächsten zu integrierenden Satzes vereint. Aus der Menge der dadurch entstehenden alternativen Graphen wird dann jeweils *der* Kandidat ausgewählt, dessen Struktur für eine Weiterplanung besonders geeignet erscheint. Während dieses Prozesses kann gegebenenfalls auch auf Kandidaten früherer Integrationsstufen zurückgegriffen werden, falls sich bei der Integration eines Satzes der ausgewählte Kandidat überproportional verschlechtert.

Die Bewertung der Graphen wird einerseits mit Hilfe der beiden oben genannten Kriterien durchgeführt, andererseits spielt jedoch auch die Integrationsstufe, d.h. die Anzahl der bereits integrierten Sätze, eine Rolle bei der Auswahl der Kandidaten.

Im folgenden Schema wird das eben beschriebene Suchverfahren genauer dargestellt:

---

[16] $i \in \{1, \ldots, z\}, z \geq 2$

[17] bezogen auf eine ausgewählte Bewertungsfunktion

[18] bereits beim Cranfield Benchmark sind es in der Größenordnung 10^7

Dabei sei $G_0 = (\Omega, \Pi)$ der Ausgangsgraph mit einer nicht-leeren Knotenmenge Ω und einer leeren Kantenmenge Π. L stellt die Menge aller im Laufe des Suchprozesses gebildeten Zwischenergebnisse[19] dar und ist daher am Anfang leer.

1. $L = \{\}$, $i = 0$

2. Bilde $L \cup \{G_0\}$

3. Bewerte die neu zu L hinzugekommenen Graphen[20].

4. Sei G^* der "beste" Graph in L bezüglich der gewählten Bewertungsfunktion[21].

5. Wenn G^* zyklisch ist, dann sind alle Graphen der Liste L zyklisch[22]. Dies bedeutet, daß sich die geforderten Vorrangrestriktionen widersprechen und somit kein ausführbarer Graph gefunden werden kann. **Ende.**

6. Wenn $i = \;< Anzahl\ der\ Sätze >$, dann ist G^* der gesuchte Graph. **Ende.**

7. Erhöhe i um 1.

8. Ersetze den besten Graphen $G^* = (\Omega, E^*)$ in der Liste L durch die Graphen $G_k^* = (\Omega,\ E^* \cup M_k^\wedge)$ mit $M_k^\wedge \in \widetilde{M^\vee}_i$ und $k = 1, \ldots, |\widetilde{M_i^\vee}|$.

9. **Weiter bei 3.**

Wenn man bei der Bewertung der Graphen nur deren Struktur berücksichtigt, so führt das beschriebene Verfahren zu einer sogenannten Breitensuche, da die Graphen, die viele Sätze beinhalten, im Sinne der genannten Bewertungsfunktionen wesentlich schlechter sind als die Graphen, die nur wenige

---

[19] die Blätter des Suchbaums

[20] Anmerkung: Die Graphen, die sich bereits in der Liste befinden, sind schon bewertet! Die Bewertungszahl für den Ausgangsgraphen G_0 liegt per definitionem fest.

[21] Falls die beste Bewertung mehrfach vorkommt, sei G^* beliebig aus der Menge der Graphen mit der höchsten Bewertung ausgewählt.

[22] Ein zyklischer Graph erhält die schlechteste Bewertung, die möglich ist. Falls G^* diese Bewertung bekommen hat, und keiner der in L enthaltenen Graphen besser ist als G^*, müssen alle in L enthaltene Graphen die schlechteste Bewertung erhalten haben. Also sind alle Graphen in L zyklisch.

Sätze enthalten. Daher werden die Graphen, die sich im Suchbaum auf niedrigeren Ebenen befinden, bevorzugt weiterentwickelt, bis schließlich der gesamte Baum entwickelt ist. Dies kann dadurch vermieden werden, daß zusätzlich zur Strukturbewertung berücksichtigt wird, wieviele Vorrangrestriktionsmengen in einen Graphen bereits eingebaut sind bzw. noch eingebaut werden müssen.

Es soll nun eine Funktion BF hergeleitet werden, die den Suchaufwand minimieren soll. Für die absolute Bewertung der Güte eines Graphen G soll die Sequenzzahl S(G) verwendet werden, da sie ein gutes Maß dafür darstellt, wieviel Freiheitsgrade und damit Optimierungsmöglichkeiten ein Graph noch hat. Damit auch Graphen unterschiedlicher Entwicklungsstufe miteinander verglichen werden können, muß ein zusätzlicher Ausgleichswert berechnet werden. Dies kann auf folgende zwei Arten geschehen:

- Die erste Möglichkeit besteht darin, die Anzahl der Sätze, die in einen Graphen noch eingebaut werden müssen, entsprechend zu berücksichtigen. Dies setzt voraus, daß die Gesamtanzahl der Sätze fest und bekannt ist. Um eine Vergleichsmöglichkeit zwischen Graphen unterschiedlicher Integrationsstufe zu erreichen, wird die Verschlechterung geschätzt, die ein Graph durch Hinzunahme der noch zu integrierenden Sätze erfahren wird. Das Ergebnis wird den Graphen der niedrigen Integrationsstufen als *Malus* angelastet.

- Die zweite Möglichkeit besteht darin, die weiter entwickelten Graphen durch einen *Bonus* aufzuwerten, der die mit der hohen Integrationsstufe verbundene Verschlechterung ausgleichen soll.

Zur Bestimmung des Ausgleichswertes wird nun untersucht, wie sich die Sequenzzahl eines Graphen ändert, wenn man zur Kantenmenge genau eine Kante hinzunimmt, die jedoch keine Schleife sein darf. Offensichtlich kann sich die Sequenzzahl eines Graphen dabei nicht vergrößern, da die Freiheitsgrade durch eine zusätzliche Vorrangrestriktion abnehmen oder bestenfalls erhalten bleiben[23]. Der folgende Satz beschreibt das Verhalten genauer. Er besagt, daß sich die Sequenzzahl eines Graphen bei Hinzunahme einer Kante, die keine Schleife sein darf, im Mittel[24] auf die Hälfte reduziert.

---

[23]falls die hinzugekommene Vorrangrestriktion keine neue Information darstellt.
[24]Gemeint ist das arithmetische Mittel

Satz 3.1 *Gegeben sei ein Vorranggraph $G = (\Omega, \Pi)$, mit $\Omega = \{\omega_1, \ldots, \omega_n\}$ und $|\Omega| = n \geq 2$ und der Sequenzzahl $S(G)$. Der Vorranggraph $G_{ij} = (\Omega, \Pi \cup \{\pi(\omega_i, \omega_j)\})$ entstehe durch die Erweiterung der Kantenmenge Π um die Vorrangrestriktion $\pi(\omega_i, \omega_j)$. Dann gilt:*

$$\frac{1}{n(n-1)} \sum_{\substack{j=1 \\ j \neq i}}^{n} \sum_{i=1}^{n} S(G_{ij}) = \frac{S(G)}{2}$$

Beweis 3.1 *Man betrachte die Menge der gültigen Sequenzen, die sich aus dem Vorranggraphen $G = (\Omega, \Pi)$ ableiten lassen. Für jedes Paar $\omega_i, \omega_j \in \Omega$ mit $\omega_i \neq \omega_j$ existieren m_{ij} Sequenzen, in denen ω_i vor ω_j, und m_{ji} Sequenzen, in denen ω_j vor ω_i erscheint. Da in allen Sequenzen entweder ω_i vor ω_j oder ω_j vor ω_i enthalten ist, gilt $m_{ij} + m_{ji} = S(G)$. Bildet man alle möglichen[25] G_{ij} und berechnet das arithmetische Mittel ihrer Sequenzzahlen, so ergibt sich:*

$$\frac{1}{n(n-1)} \sum_{\substack{j=1 \\ j \neq i}}^{n} \sum_{i=1}^{n} S(G_{ij})$$

$$= \frac{1}{n(n-1)} \sum_{\substack{j=1 \\ j \neq i}}^{n} \sum_{i=1}^{n} S(\underbrace{(\Omega, \Pi \cup \{\pi(\omega_i, \omega_j)\})}_{G_{ij}})$$

$$= \frac{1}{n(n-1)} \sum_{\substack{j=1 \\ j \neq i}}^{n} \sum_{i=1}^{n} (S(G) - m_{ij})$$

$$= \frac{1}{n(n-1)} \left(\sum_{\substack{j=1 \\ j \neq i}}^{n} \sum_{i=1}^{n} S(G) - \sum_{\substack{j=1 \\ j \neq i}}^{n} \sum_{i=1}^{n} m_{ij} \right)$$

$$= \frac{1}{n(n-1)} \left(\sum_{\substack{j=1 \\ j \neq i}}^{n} \sum_{i=1}^{n} S(G) - \frac{1}{2} \sum_{\substack{j=1 \\ j \neq i}}^{n} \sum_{i=1}^{n} (m_{ij} + m_{ij}) \right)$$

$$= \frac{1}{n(n-1)} \left(\sum_{\substack{j=1 \\ j \neq i}}^{n} \sum_{i=1}^{n} S(G) - \frac{1}{2} \sum_{\substack{j=1 \\ j \neq i}}^{n} \sum_{i=1}^{n} \underbrace{(m_{ij} + m_{ji})}_{S(G)} \right)$$

---

[25] Es existieren insgesamt $n(n-1)$ verschiedene Kanten, die keine Schleifen sind.

$$= \frac{1}{2n(n-1)} \sum_{\substack{j=1 \\ j \neq i}}^{n} \sum_{i=1}^{n} S(G)$$

$$= \frac{n(n-1)}{2n(n-1)} S(G)$$

$$= \frac{S(G)}{2}$$

Satz 3.1 beschreibt, daß sich die Sequenzzahl eines Vorranggraphen bei Hinzunahme *einer* weiteren Vorrangrestriktion im Mittel halbiert. Im Laufe des Syntheseprozesses treten die Vorrangrestriktionen jedoch nicht einzeln, sondern gebündelt in Sätzen auf. Da eine Ausgleichsfunktion auf die Anzahl der integrierten Sätze bezogen werden soll, muß auch berücksichtigt werden, wieviele Elemente die Mengen von Vorrangrestriktionen eines Satzes durchschnittlich enthalten. Dies soll mittels der "Satzdicke" ausgedrückt werden.

Definition 3.4 *Gegeben sei der Satz* $\widetilde{M}^{\vee} = \{M_1^{\wedge}, M_2^{\wedge}, \ldots, M_m^{\wedge}\}$, *wobei* m *eine natürliche Zahl* ≥ 1 *darstellt. Unter der "Satzdicke"* ϕ *versteht man die durchschnittliche Elementezahl der in* $\widetilde{M}^{\vee}$ *enthaltenen Vorrangrestriktionsmengen, also*

$$\phi = \frac{1}{|\widetilde{M}^{\vee}|} \sum_{i=1}^{|\widetilde{M}^{\vee}|} |M_i^{\wedge}|$$

Die Bewertungsfunktion BF kann nun auf der Basis der Sequenzzahl und einer Malusfunktion, die mit Hilfe der eben definierten Satzdicke festgelegt werden kann, folgendermaßen beschrieben werden:

Sei $z \geq 2$ die Anzahl der insgesamt in dem gesuchten Vorranggraphen zu integrierenden Sätze und $1 < i < z$ die Anzahl der bereits integrierten Sätze. Sei außerdem $\phi(k)$ die Satzdicke des k-ten Satzes. Nach Satz 3.1 muß bei der Integration der restlichen $z - i$ Sätze im Mittel mit einer Verschlechterung der Sequenzzahl um

$$\prod_{k=i+1}^{z} 2^{\phi(k)} = 2^{\sum_{k=i+1}^{z} \phi(k)}$$

gerechnet werden. Um dies zu kompensieren und es zu ermöglichen, Graphen verschiedener Integrationsstufen vergleichen zu können, wird jeder Graph des Suchraumes nach der erfolgten Bewertung durch einen Malus in der Höhe des unter der Gleichung 3.2 angegebenen Wertes dividiert. Damit

lautet die Bewertungsfunktion $BF^-(G, i)$ für einen Graphen G der i-ten
Ebene:

$$BF^-(G, i) = \frac{S(G)}{Malus(i)} = S(G)(\frac{1}{2})^{\sum_{k=i+1}^{\bullet} \phi(k)} \qquad (3.1)$$

Der Ausgleichswert läßt sich in ähnlicher Form als Bonus darstellen. Die
Sequenzzahl $S(G)$ eines Vorranggraphen, der bereits i Sätze enthält, hat
sich gegenüber der Sequenzzahl des Graphen mit gleicher Knotenmenge
aber leerer Kantenmenge im Mittel um den Faktor

$$\prod_{k=1}^{i} 2^{\phi(k)} = 2^{\sum_{k=1}^{i} \phi(k)}$$

vermindert. Dies kann dadurch kompensiert werden, daß man die Bewertung eines Graphen mit einem Bonus in derselben Höhe multipliziert. Somit
lautet die bonusbasierte Bewertungsfunktion BF^+ für einen Graphen G, der
bereits Kantenmengen aus i Sätzen enthält:

$$Bf^+(G, i) = S(G)\, Bonus(i) = S(G)\, 2^{\sum_{k=1}^{i} \phi(k)} \qquad (3.2)$$

Die beiden Ausgleichswerte $Bonus(G, i)$ und $Malus(G, i)$ stellen nur Er-
wartungswerte dar und können daher in der Praxis zu suboptimalen Lösungen führen. So ist es etwa möglich, daß ein Graph, der auf Ebene i über-
durchschnittlich schlecht bewertet wird, nicht weiterentwickelt wird, obwohl
er auf der letzten Stufe durchaus der beste sein könnte.

Um den Auswahlmechanismus für die Weiterentwicklung von Graphen beeinflussen zu können, kann man den Ausgleichswert um einen Steuerungsparameter ergänzen, der eine zusätzliche Auf- bzw. Abwertung vornimmt.
Je nach Einstellung des Parameters werden die Graphen der niedrigeren
Ebenen gegenüber den Graphen der höheren Ebenen bevorzugt oder be-
nachteiligt. Durch eine Verringerung des Bonus[26] verlagert sich der Suchprozeß in Richtung einer Breitensuche. Einerseits vergrößert sich zwar die
Menge der Graphen, die während der Suche weiterentwickelt werden, andererseits verringert sich dafür auch die Gefahr, bei der Suche günstige Graphen zu übersehen. Eine Erhöhung des Bonus[27] kann die Menge der entwik-
kelten Graphen zwar erheblich reduzieren, jedoch wird der Trend verstärkt,

---

[26]bzw. durch eine Erhöhung des Malus
[27]bzw. eine Verringerung des Malus

nur den erst-besten Graphen zu erzeugen. Dieser kann, verglichen mit der optimalen Lösung, relativ ungünstig sein. Letztendlich wird durch den Steuerungsparameter das Speicher-Rechenzeit-Verhalten des Suchalgorithmus und die Qualität des Lösungsgraphen gesteuert. Je nach Anforderungen kann damit eine Optimierung durchgeführt werden[28].

Zwischen den beiden Bewertungsfunktionen BF^- und BF^+ besteht kein grundlegender Unterschied. Sie unterscheiden sich sogar nur durch einen konstanten Faktor, wenn man statt der tatsächlichen Satzdicke die durchschnittliche Satzdicke

$$\bar{\phi} = \frac{1}{z} \sum_{k=1}^{z} \phi(k)$$

ansetzt. Die Ausgleichswerte für den i-ten Satz ergeben sich dann zu

$$Malus^*(G,i) \quad = \quad 2^{(z-i)\bar{\phi}} \tag{3.3}$$

$$bzw.$$

$$Bonus^*(G,i) \quad = \quad 2^{i\bar{\phi}} \tag{3.4}$$

und es gilt:

$$
\begin{aligned}
BF^-(G,i) \\
&\overset{3.1}{=} \frac{S(G)}{Malus(i)} \\
&\overset{3.3}{=} S(G)(\frac{1}{2})^{(z-i)\bar{\phi}} \\
&= \underbrace{(\frac{1}{2})^{z\bar{\phi}}}_{=c} S(G) \, (\frac{1}{2})^{-i\bar{\phi}} \\
&= c\, S(G) \, \underbrace{2^{i\bar{\phi}}}_{Bonus^*(G,i)} \\
&\overset{3.4}{=} c\, \underbrace{S(G)\, Bonus(i)}_{BF^+(G,i)} \\
&= c\, BF^+(G,i)
\end{aligned}
$$

Im Mittel sind die beiden Ansätze für die Bewertungsfunktionen also gleichwertig. Die Wahl der Ausgleichsfunktion hängt somit im wesentlichen davon ab, ob die Anzahl der Sätze und ihre Satzdicken bereits vor der Suche

---

[28]Testreihen zur Bestimmung des Steuerungsparameters befinden sich in [10].

bekannt ist[29] oder nicht. Die Reihenfolge der verschiedenen Sätze spielt i.a. keine Rolle. Man kann jedoch den Suchvorgang beschleunigen[30], wenn man sie sortiert und zwar so, daß die Sätze, die weniger Alternativen beinhalten, vor den Sätzen mit mehr Alternativen integriert werden. Sätze mit nur einer Vorrangrestriktionsmenge, zu der es keine Alternativen gibt, können dabei zu einer Grundmenge zusammengefaßt werden, deren Vorrangrestriktionen auf jeden Fall berücksichtigt werden müssen. Eine weitere Beschleunigung kann dadurch erreicht werden, daß der Durchschnitt der Vorrangrestriktionsmengen[31] eines Satzes aus den Vorrangrestriktionsmengen entfernt wird und der Grundmenge hinzugefügt wird.

3.3 Die Abbildung von Vorranggraphen auf Petri-Netze

Es gibt eine Reihe von Gründen, die dafür sprechen, bei der Ausführung nicht Vorranggraphen zugrundezulegen, sondern diese zuerst auf Petri-Netze abzubilden.

1. Bei der Ausführung von Vorranggraphen muß z.B. berücksichtigt werden, welcher Teil des Graphen bereits ausgeführt wurde und welcher nicht, d.h., der Graph selbst muß verschiedene Zustände einnehmen können. Bei Petri-Netzen (Bedingungs/Ereignis-Netzen[32]) wird diese Information durch eine Markierung der Knoten berücksichtigt.

2. Eine Ausführungskomponente sollte in der Lage sein, eventuelle Fehler zu erkennen und zu beheben. Dazu muß sie wissen, wie der aktuelle Weltzustand sich durch die Ausführung der einzelnen Montageoperationen ändert. Der Weltzustand wird bei Petri-Netzen mit der Netzmarkierung mitgeführt.

---

[29]Falls ja, ist die Malusfunktion vorzuziehen, da sie eine Abschätzung darstellt, wie weit ein teilentwickelter Graph von dem Ziel der Vollständigkeit noch entfernt ist. Andernfalls ist der Ausgleich durch einen Bonus vorzuziehen, da die Satzdicken der bereits integrierten Sätze bekannt ist.

[30]Eine Anzahl von Testreihen, welche die Effizienz des beschriebenen Suchverfahrens belegen, ist in [10] zu finden.

[31]falls nicht leer

[32]im Folgenden B/E-Netze genannt

Bei der Realisierung des Roboteraktionsplanungssystems bestand die praktische Überlegung darin, daß es bereits Systeme gibt, die Petri-Netze simulieren, auf Plausibilität überprüfen oder direkt ausführen. Dies kommt daher, daß B/E-Netze sehr einfach durch Regeln dargestellt[33] und somit durch entsprechende Regelinterpreter bearbeitet werden können.

Petri-Netze eignen sich zur Darstellung von Prozeßabläufen innerhalb einzelner Arbeitszellen, sowie auch ganzer Produktionssysteme, die mehrere solcher Zellen[34] umfassen können. Je nach Zustand der Betriebsmittel und der auszuführenden Aufgabe wird die nächste Operation[35] ausgewählt und initiiert. Dabei werden Heuristiken eingesetzt, um die Durchlaufzeit einer Aufgabenwiederholung zu optimieren. Aus diesem Grunde werden zeitbehaftete Netze verwendet. Der Unterschied zeitbehafteter Netze zu herkömmlichen Netzen besteht darin, daß den Ereignissen feste Zeiten zugeordnet werden, wodurch es möglich wird, das Zeitverhalten von Prozessen zu betrachten. Die Verwendung von festen Zeiten[36], geht davon aus, daß das Zeitverhalten einzelner Operationen, wie beispielweise Roboterbewegungen, vor der Ausführung bereits relativ genau bekannt ist. Mit Hilfe der Theorie, die für zeitbehaftete Petri-Netze aufgestellt wurde, kann der Nachweis erbracht werden, daß zeitbehaftete Netze dann gutartig sind, wenn sie ohne Zeitbehaftung ebenfalls gutartig sind. Unter "Gutartigkeit" ist hierbei zu verstehen, daß die Anfangsmarkierung zu keiner Verklemmung führen kann.

Beispiele für die Verwendung von Petri-Netzen für flexible Fertigungssysteme zeigen [2], [8] und [29].

---

[33]Eine Realisierung in der Darstellungssprache OPS5 wird in [15] vorgestellt.

[34][13] verwendet ebenfalls B/E-Netze zur Beschreibung von Montageproblemen in einer einzelnen Roboterzelle.

[35]ein Ereignis

[36]s. [40]

Kapitel 4

Zyklische Vorranggraphen

Zyklische Vorranggraphen sind nicht ausführbar, da keine Aktion beendet sein kann, bevor sie begonnen hat. Es gibt nun verschiedene Möglichkeiten, zyklische Graphen wieder ausführbar zu machen, nämlich

1. durch Beseitigen von Zykluskanten,

2. Einbetten von zyklischen Subgraphen in einen Knoten oder

3. durch Zerlegung von Operationen in Sequenzen bestehend aus Teiloperationen.

4.1 Die Beseitigung von Zykluskanten

Bei der Beseitigung von Vorrangrestriktionen muß mindestens eine Vorrangrestriktion aus dem Zyklus entfernt werden. Dazu muß erst analysiert werden, was geändert werden muß, damit die entsprechende Vorrangrestriktion nicht mehr gilt. Eine relativ einfache Lösung kann darin bestehen, die Lage zu ändern, in der eine Montageanordnung montiert werden soll. Damit ändern sich i.a. die Vorrangrestriktionen[1], die von der Schwerkraft abhängig sind[2].

Eine aufwendigere Lösung kann darin bestehen, die Form eines Teils zu ändern. Dies betrifft sowohl Vorrangrestriktionen, die aufgrund des Durchdringungsverbots entstehen, als auch schwerkraftabhängige Vorrangrestriktionen, da sich mit der Form eines Teils auch dessen Schwerpunkt ändert.

---

[1] D.h., es fallen einige der Vorrangrestriktionen weg, während neue hinzukommen.
[2] Stabilitätsforderung, Robustheitsforderung

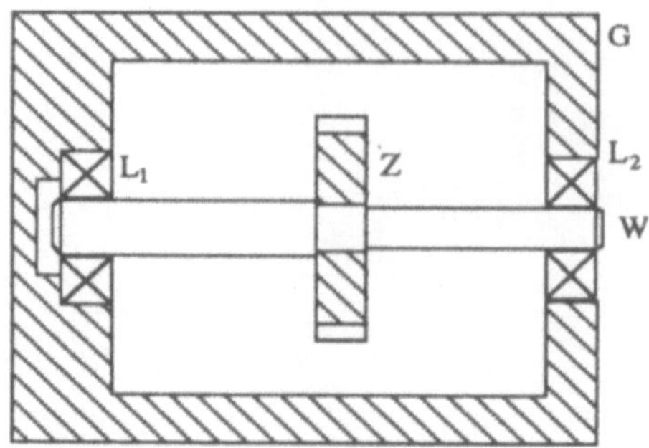

Abb. 4.1: Besp. 12: Eine Montageanordnung, die nicht montierbar ist (Gehäuseöffnung zu klein!)

Abb. 4.1 zeigt eine Anordnung, wie sie beispielsweise bei Getrieben vorkommt. In einem Gehäuse G befindet sich eine Welle W, die auf jeder Seite auf einem Lager aufliegt (L_1 und L_2). Auf die Welle muß ein Zahnrad Z aufgepresst werden. Gesetzt den Fall, die Gehäuseöffnung wäre zu klein gewählt worden. Dadurch kann das Objekt Z nur plaziert werden, wenn das Objekt G (noch) nicht vorhanden ist und umgekehrt. Durch die beiden Vorrangrestriktionen $\pi(G^+, Z^+)$ und $\pi(Z^+, G^+)$ entsteht im Vorranggraphen der Zyklus

$$G^+ \overset{\longleftarrow}{\longrightarrow} Z^+$$

Dieser kann dadurch vermieden werden, daß die Ursache von zumindest einer der darin enthaltenen Vorrangrestriktionen entfernt wird. Da in diesem

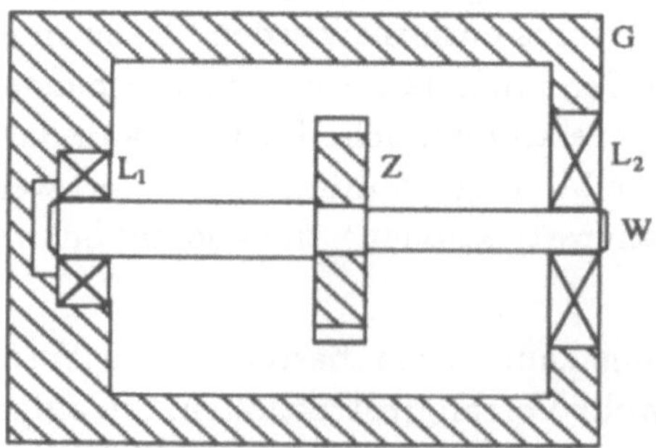

Abb. 4.2: Die geänderte Montageanordnung aus Bsp. 12 (Gehäuseöffnung vergrößert)

Fall das Durchdringungsverbot die Ursache darstellt, bietet es sich an zu
untersuchen, ob durch Änderung der Form der betroffenen Teile Vorrangrestriktionen entfallen können. Bei dem Beispiel könnte man dies dadurch
erreichen, daß entweder das Zahnrad verkleinert, oder aber die Öffnung des
Gehäuses vergrößert wird. Eine entsprechende Änderung der Baugruppe ist
in Abb. 4.2 dargstellt.

4.2   Die Einbettung von zyklischen Subgraphen in einen Knoten

In Abb. 4.3 ist auf der linken Seite ein zyklischer Vorranggraph dargestellt.
Ersetzt man die fünf zum Zyklus gehörenden Knoten[3] zusammen mit den
sie verbindenden Kanten[4] durch eine einzige Operation, so entsteht der auf
der rechten Seite dargestellte, nicht-zyklische Vorranggraph[5].

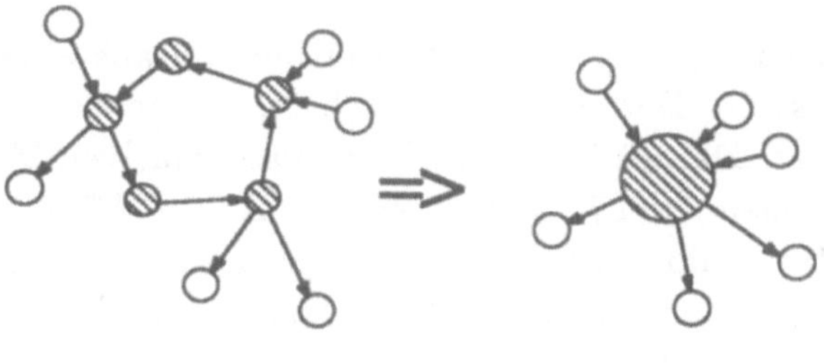

Abb.   4.3: Bsp. 12: Einbettung eines Fünfer-Zyklus in eine komplexe
Operation

Diese Vorgehensweise soll nun an der geänderten Baugruppe aus Abb. 4.2
mit Hilfe des Durchdringungskriteriums demonstriert werden[6]. Dazu wer-

---

[3] Montageoperationen

[4] Vorrangrestriktionen

[5] Dies entspricht einer Zusammenfassung einer Menge von Bauteilen zu einer Baugruppe, die vorher zusammengebaut werden muß. Ob sich eine Menge von Bauteilen als
Baugruppe eignet, muß allerdings vorher noch untersucht werden, da eine Baugruppe
eine ganze Reihe von Anforderungen erfüllen muß.

[6] Auch hier wird auf das Verfahren zurückgegriffen, das eine Zerlegung der Montageanordnung simuliert.

den nacheinander die Einzelteile der Baugruppe betrachtet, wobei jedesmal
ein Satz alternativer Vorrangrestriktionsmengen entsteht. Die Konstruktion
dieser Baugruppe erlaubt es, für jedes Bauteil jeweils nur vier Entfernungsrichtungen betrachten zu müssen.

1. Wollte man das Zahnrad Z nach links entfernen, so würde es die Bauteile G, W und L_1 durchdringen müssen. In Richtung nach oben bzw.
   nach unten jedoch nur G und W. Da dies einfacher ist[7], ergeben sich
   als erste Lösung für die Montage die Vorrangrestriktionen $\pi(Z^+, G^+)$
   und $\pi(Z^+, W^+)$. Entfernt man Z nach rechts, so ist nur das Bauteil L_2 im Weg. Somit gilt für diese Richtung die Vorrangrestriktion
   $\pi(Z^+, L_2^+)$.

2. Die Welle W würde bei einer Bewegung nach links das Gehäuse G
   durchdringen, bei einer Bewegung nach rechts das Zahnrad Z und
   das Lager L_2. Daraus ergeben sich die beiden alternativen Mengen
   von Vorrangrestriktionen $\{\pi(W^+, G^+)\} \vee \{\pi(W^+, Z^+), \pi(W^+, L_2^+)\}$.
   Eine Bewegung nach oben bzw. unten würde zusätzlich noch andere
   Bauteile betreffen, so daß diese Lösungen nicht betrachtet werden.

3. Bewegt man Lager L_1 nach links, so resultiert daraus eine Kollision
   mit dem Gehäuse G. Der Bewegung nach rechts stehen die Bauteile
   Z und L_2 im Weg. Daraus folgen die beiden alternativen Mengen von
   Vorrangrestriktionen $\{\pi(L_1^+, G^+)\} \vee \{\pi(L_1^+, Z^+), \pi(L_1^+, L_2^+)\}$. Auch
   bei diesem Bauteil führt die Untersuchung der übrigen Entfernungsrichtungen zu Obermengen, so daß diese keine zusätzlichen Vorrangrestriktionsmengen liefern.

4. Das Bauteil L_2 kann direkt nach rechts, das Bauteil G direkt nach links
   entfernt werden, ohne daß sich andere Bauteile im Weg befinden. Dies
   führt streng genommen zu den Vorrangrestriktionen $\pi(\vec{L_2}, nil)$ und
   $\pi(\vec{G}, nil)$, die jedoch keine zusätzliche Information liefern und somit
   weggelassen werden können.

Es soll nun das Stabilitätskriterium auf die Montageanordnung angewendet
werden. Dabei soll von der in Abb. 4.2 gezeigten stabilen Lage ausgegangen
werden[8].

---

[7]Es soll jedesmal nur der einfachste Satz verwendet werden.

[8]Hierbei wird auf das bereits besprochene Verfahren zurückgegriffen, alle Teilmengen von Bauteilen auf Stabilität zu untersuchen. Dazu werden zuerst alle einelementi-

1. Von den fünf Bauteilen befindet sich nur das Gehäuse G ohne die Hilfe anderer Bauteile in einer stabilen Lage. Daraus folgen die vier Vorrangrestriktionen[9] $\pi(\vec{G}, *)$.

2. Ergänzt man die Menge $\{G\}$ um eines der anderen vier Bauteile, so ergeben sich vier Paare, von denen nur zwei stabil sind, nämlich $\{G, L_1\}$ und $\{G, L_2\}$. Dies führt zu den zwei alternativen Mengen von Vorrangrestriktionen:

$$\{\pi(L_1^+, W^+), \pi(L_1^+, Z^+)\} \vee \{\pi(L_2^+, W^+), \pi(L_2^+, Z^+)\}$$

3. Von den möglichen Dreiergruppen ist nur $\{G, L_1, L_2\}$ stabil. Daraus folgt, daß die beiden unter Punkt 2 gefundenen Vorrangrestriktionsmengen vereinigt werden müssen, da sowohl L_1 als auch L_2 vor W bzw. Z zu montieren sind.

4. Die einzig stabile Vierergruppe ist $\{G, L_1, L_2, W\}$. Daraus ergibt sich die Vorrangrestriktion $\pi(W^+, Z^+)$.

5. Die Überprüfung der vollständigen Montageanordnung, bestehend aus den Bauteilen $\{G, L_1, L_2, W, Z\}$ führt zwar zu keinen Vorrangrestriktionen, dient aber zur Feststellung der Plausibilität.

Die reduzierten[10] alternativen Vorrangrestriktionsmengen, die sich aus den beiden untersuchten Kriterien ergeben, sind in Tab. 4.2 zusammengefaßt.

Ursache für Vorrangrestriktionen	sich ergebende Vorrangrestriktionen
Durchdringungs- verbot	$\pi(Z^+, L_2^+) \vee (\pi(Z^+, G^+) \wedge \pi(Z^+, W^+))$
	$\pi(W^+, G^+) \vee (\pi(W^+, Z^+) \wedge \pi(W^+, L_2^+))$
	$\pi(L_1^+, G^+) \vee (\pi(L_1^+, Z^+) \wedge \pi(L_1^+, L_2^+))$
Stabilitäts- forderung	$\pi(G^+, L_1^+) \wedge \pi(G^+, L_2^+) \wedge \pi(L_1^+, W^+) \wedge$ $\pi(L_2^+, W^+) \wedge \pi(W^+, Z^+)$

Tab. 4.2: Die Vorrangrestriktionen für die gezeigte Montageaufgabe

gen Teilmengen untersucht. Diejenigen Mengen, die sich als stabil erweisen, werden daraufhin durch ein weiteres Bauteil ergänzt, usw. Die Betrachtung von Teilmengen einer bestimmten Elementzahl liefert als Ergebnis ebenfalls jeweils einen Satz von Vorrangrestriktionsmengen.

[9]Dabei steht * stellvertretend für die übrigen Bauteile.

[10]Die meisten der gefundenen Vorrangrestriktionen sind redundant.

Die Zusammenfassung der abgeleiteten Sätze ergibt nur widersprüchliche
Mengen von Vorrangrestriktionen. Trotz der durchgeführten Änderung der
Baugruppe (s. 4.2) ermöglichen diese Vorrangrestriktionen keinen zyklen-
freien Vorranggraphen[11]. Die unvermeidbaren Zyklen beziehen sich auf die
Bauteile W, Z, L_2 bzw. W, Z, L_1, L_2. Diese Teilemengen können unter
bestimmten Bedingungen zu Baugruppen zusammengefaßt werden.

- Damit ergibt sich für die Baugruppe, bestehend aus den Bauteilen
  W, Z, L_1 und L_2 ein Graph, der die beiden Knoten "Montiere G"
  und "Montiere Baugruppe WZL_1L_2", aber keine Kanten besitzt und
  somit zyklenfrei ist. Dies kann man so interpretieren, daß man die
  Teile L_1, L_2 und Z zuerst auf die Welle aufpreßt und die entstandene
  Baugruppe dann mit dem Gehäuse verbindet.

- Eine Alternative dazu besteht darin, daß man nur die Bauteile W, Z
  und L_2 als eine Baugruppe auffaßt. Dadurch entsteht folgender Graph:

$$G^+ \rightarrow L_1^+ \rightarrow (WZL_2)^+$$

  Er schreibt vor, erst das Gehäuse, dann das Lager L_1 und anschließend
  die Baugruppe, bestehend aus W, Z und L_2 zu montieren[12].

4.3 Die Aufspaltung von Operationen

Eine dritte Möglichkeit, Zyklen aus Graphen zu entfernen, besteht darin,
die Operationen in eine Folge von elementaren Operationen aufzulösen.
Möchte man beispielsweise zwei Objekte A und B vertauschen, so benötigt
man dazu zwei P&P-Operationen $\vec{A}$ und $\vec{B}$, wobei für jede der beiden Operationen gefordert werden muß, daß die andere bereits ausgeführt ist. Der
Vorranggraph zu dieser Aufgabe ist in Abb. 4.4 dargestellt. Da er einen Zyklus enthält, ist er nicht ausführbar. Der Zyklus kann nun dadurch behoben

---

[11]Die Ursache dafür besteht darin, daß einerseits die Welle erst montiert werden kann,
wenn L_1 und L_2 montiert sind, da sie auf beiden aufliegt. Andererseits kann die Welle
aufgrund des Durchdringungsverbots nicht montiert werden, nachdem L_1 und L_2 bereits
plaziert sind.

[12]Diese Lösung ist zwar theoretisch denkbar, es dürfte jedoch schwierig sein, das Lager
L_1 zu plazieren, da das Gehäuse G möglicherweise ein Hindernis für den Greifer darstellt.
Damit würde diese Alternative entfallen. Dies kann jedoch frühestens in der Detailplanungsphase festgestellt werden.

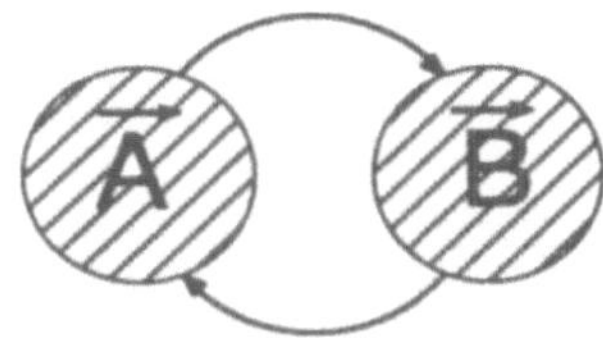

Abb. 4.4: Bsp. 13: Ein Zweierzyklus

werden, daß eine P&P-Operation in eine Pick- und eine Place-Operation zerlegt wird, also

$$\vec{A} \quad \textit{wird zerlegt in} \quad Pick(A) \rightarrow Place(A)$$
$$\vec{B} \quad \textit{wird zerlegt in} \quad Pick(B) \rightarrow Place(B)$$

Die Vorrangrestriktionen, die zuvor einen Zyklus bildeten, betreffen nun unterschiedliche Elementaroperationen. Dadurch entsteht ein Graph, bei dem eine Kante aufgrund der Transitivität entfällt[13].

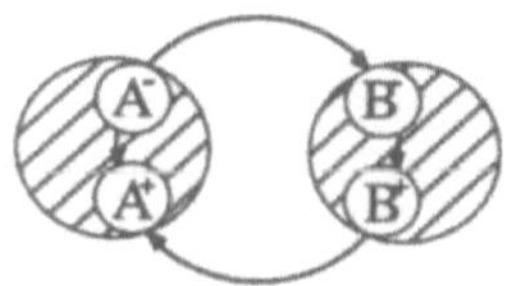

Abb. 4.5: Zu Bsp. 13: Aufspaltung des Zweierzyklus durch Aufteilung der Operationen in elementare Operationen

Ob diese Lösung wirklich anwendbar ist, muß wieder gesondert untersucht werden. So gilt für einen Roboter i.a., daß direkt vor einer Pick-Operation keine andere Pick-Operation stattgefunden haben darf.

---

[13]s. Abb. 4.5

Man kann diese Forderung auf zwei Arten erfüllen:

1. Man verteile die vier Operationen wie folgt auf zwei Roboter:

   Roboter 1: $Pick(A)$ $Place(A)$

   Roboter 2: $Pick(B) \rightarrow Place(B)$

2. Man füge zwei zusätzliche Operationen in die Sequenz ein, deren Funktion darin besteht, das Teil A an einer Zwischenposition abzulegen und von dort wieder zu holen. Dadurch lautet die Sequenz[14]

   $Pick(A)$, **Place(A)** , $Pick(B)$, $Place(B)$, **Pick(A)** , $Place(A)$

Wie aus diesem Beispiel hervorgeht, verlangt die Zyklenbeseitigung durch Zerlegung von Operationen entweder mehrere Agenten oder zusätzliche Operationen. Dabei ist jedoch noch nicht sichergestellt, ob diese Operationen tatsächlich ausführbar sind[15].

---

[14]Dabei sind die neu hinzugekommenen Operationen fett gedruckt.
[15]Dies wird erst in der Detailplanungsphase ermittelt.

Kapitel 5

Systembeschreibung

5.1 Das Gesamtsystem

In den vorherigen Abschnitten wurde eine Methode vorgestellt, das es ermöglicht, Vorranggraphen zu erzeugen, die von einem Roboter ausgeführt werden können. Basierend auf der gegebenen Montageaufgabe werden verschiedene Teilmengen nach bestimmten Kriterien untersucht. Dies führt i.a. zu einer großen Menge von Vorrangrestriktionssätzen, durch die der Montageablauf eingeschränkt wird. Beim Syntheseprozeß wird versucht, eine Kombination der in den Sätzen enthaltenen Alternativen zu finden, so daß ein möglichst günstiger Montageablauf gefunden wird, der die gefundenen Vorrangrestriktionen berücksichtigt. Die Struktur des Systems, die in Abb. 5.1 dargestellt ist, spiegelt die prinzipiellen Schritte, die für die Planerzeugung notwendig sind, in Form entsprechender Module wider. Sie umfassen:

- Die Spezifikation der Montageaufgabe

- Die Analyse der spezifizierten Montageaufgabe[1]

- Die Synthese von Plänen[2]

- Die Detailplanung der einzelnen Montageoperationen[3]

- Die Ausführung von Plänen

---

[1] Analysemodule erzeugen Sätze von Vorrangrestriktionen
[2] Das Synthesemodul erzeugt aus den Sätzen Vorranggraphen
[3] Die Planung und Berechnung der einzelnen Roboterprogramme

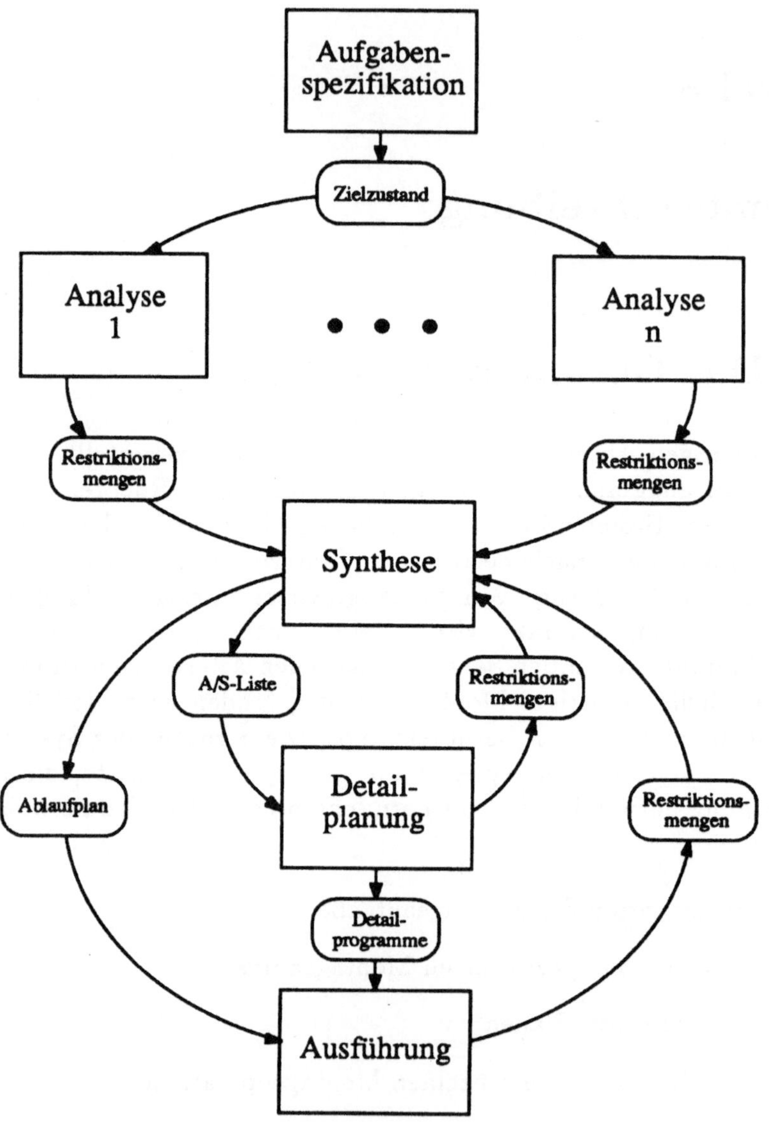

Abb. 5.1: Die Struktur des Roboteraktionsplanungssystems

Im Folgenden soll eine kurze Beschreibung der einzelnen Komponenten des
Gesamtsystems sowie deren Zusammenspiel gegeben werden. Da sich die
vorliegende Arbeit im wesentlichen auf das Prinzip beschränken möchte,
soll nicht im einzelnen auf die Problematik bei der Realisierung der einzelnen Module eingegangen werden. Stattdessen sollen nur Verweise auf die
entsprechenden Arbeiten gegeben werden.

5.2 Das Modul zur Spezifikation der Montageaufgabe

Die "Aufgabenspezifikation" stellt einen Teil der Schnittstelle des Planungssystems zum Benutzer dar. Es handelt sich dabei um den Vorgang, bei dem
der Benutzer spezifiziert, welche Montageaufgabe es lösen soll. Eine Montageaufgabe besteht allgemein immer darin, eine Menge von Bauteilen, die
sich in einer bestimmten Ausgangsanordnung befinden, in eine gewünschte
Zielanordnung zu überführen. D.h., der Benutzer muß sowohl die Ausgangsanordnung als auch die Zielanordnung festlegen. Als benutzerna-
hes Eingabemedium bieten sich Graphik-Systeme an, auf denen graphische
Modelle der Montageteile erzeugt werden können. Verfügt man außerdem
über ein geeignetes Hilfsmittel, mit dem die verschiedenen (modellierten)
Bauteile auf dem Graphikschirm geeignet positioniert werden können, so
lassen sich eine Beschreibung der Ausgangsanordnung und der Zielanordnung relativ leicht erzeugen. Im Fall eines autonomen Robotersystems wird
der Ausgangszustand über die Sensorik gewonnen.

Eine sehr anschauliche Methode zur Definition von Bauteilanordnungen
wird in [16] beschrieben. Der dort gewählte Ansatz beruht auf der Tatsache, daß Anordnungen von Montageteilen bestimmte Randbedingungen
erfüllen und somit eine besondere Klasse von Objektkonfigurationen darstellen. Dazu gehören:

- Die einzelnen Bauteile durchdringen sich gegenseitig nicht[4].

- Jedes Objekt berührt mindestens ein anderes Objekt[5].

- Häufig enthalten Montageanordnungen Teile, die in irgendeiner Weise
  zentriert werden müssen. Beispielsweise fällt bei einem gefügten Stift

---

[4]wegen Durchdringungsverbot
[5]wegen Stabilitätsforderung

die Symmetrieachse des Stifts mit der Symmetrieachse des Loches
zusammen.

- Bei Montageanordnungen liegen meist einfache geometrische Relationen vor, wie z.B. Fläche gegen Fläche, Fläche gegen Kante, Kante gegen Kante, usw.

Insbesondere bei Montageanordnungen gilt also, daß die Lage eines Objekts relativ zu anderen durch eine Menge von einfachen, räumlichen Relationen festgelegt werden kann, welche die topologischen Elemente des zu plazierenden Objekts[6] relativ zu Elementen anderer Objekte an der Zielposition erfüllen. In [5] wird ein Termersetzungssystem beschrieben, das Listen spezifizierter räumlicher Relationen reduzieren und daraus berechnen kann, ob die Menge der Relationen widersprüchlich, unvollständig oder eindeutig ist. Im Fall der Eindeutigkeit berechnet es die aus der Liste resultierende Zielposition des Objekts. [52] beschreibt die Einbettung des genannten Termersetzungssystems in ein Graphiksystem.

Das Ergebnis der Spezifikationsphase besteht also aus einer Beschreibung der Ausgangsanordnung[7] und einer Beschreibung der Zielanordnung[8]. Bei der Konzeption des Systems wurde darauf Wert gelegt, daß die Art, wie der Benutzer die Aufgabe spezifiziert, keinen Einfluß auf die Art der Ausführung haben soll. Beispielsweise wird die Montageanordnung auf dem CAD-Schirm sequentiell durch Hinzufügen einzelner Bauteile erzeugt. Dies soll jedoch nicht ausschließen, daß bei der realen Montage die Montageanordnung durch zwei Roboter zeitlich parallel erzeugt werden kann. Es soll außerdem kein Zusammenhang bestehen zwischen den Einzeloperationen, die vom Benutzer zur Erzeugung der Zielanordnung auf dem CAD-Schirm verwendet werden, und den Einzeloperationen, die von dem ausführenden Roboter ausgeführt werden, da der Spezifikateur während der Spezifikationsphase oft noch gar nicht wissen kann, welche Randbedingungen bezüglich des verwendeten Roboters beachtet werden müssen[9].

---

[6]Flächen, Kanten, Ecken und Hilfselemente

[7]Sie enthält u.a. die Namen der Montageteile, die in der Szene enthalten sind, außerdem jeweils den Typ, der einen Bezug zur geometrischen und physikalischen Beschreibung herstellt, sowie die Lage des Objekts relativ zu einem gemeinsamen Koordinatensystem.

[8]wie Ausgangsanordnung

[9]Eine andere Philosophie wurde beim Entwurf des Roboterplanungssystems TWAIN ([27]) verfolgt. Dieses System leitet aus der Eingaberelation "Fläche a von Objekt 1 AGAINST Fläche b von Objekt 2" eine Fügebewegung des Roboters ab, durch die das

5.3 Das Modul zur Analyse der Montage- aufgabe

Die Analysemodule haben die Aufgabe, die existierenden Vorrangrestriktionen für eine gegebene Montageanordnung abzuleiten. Dies kann interaktiv, teilautomatisch oder vollautomatisch geschehen. Falls der Benutzer bereits einige der Vorrangrestriktionen kennt, die bei der Montage einzuhalten sind, kann er sie zusammen mit der Spezifikation der Montageaufgabe definieren, was vor allem die Analyseprozesse erheblich verkürzen kann. In Kapitel 2 wurden beispielhaft drei verschiedene Analysekriterien vorgestellt. Sie verwenden bei ihren Untersuchungen sowohl physikalische als auch geometrische Gegebenheiten.

Das Modul zur Analyse von Montageanordnungen aufgrund des Durchdringungsverbots, das in Zusammenhang mit dieser Arbeit entwickelt wurde[10], verwendet ein Weltmodell, das direkt aus den CAD-Daten der modellierten Einzelteile gewonnen wird. Dabei wurde die Festlegung getroffen, daß nur Objekte der Klasse "Polyeder" verwendet werden können. Dies stellt jedoch keine größere Einschränkung dar, da alle dreidimensionalen Objekte durch Polyeder beliebig genau approximiert werden können. Eine weitere Einschränkung besteht darin, daß nur forminvariante Einzelteile betrachtet werden dürfen[11], da die Verwendung von Teilen mit konstanter Geometrie die Modellierung der Werkstücke wesentlich vereinfacht.

Die Realisierung eines Moduls zur automatischen Ableitung stabilitätsbedingter Vorrangrestriktionen ist sehr aufwendig. Der kritische Punkt dabei stellt das Modul dar, das feststellen soll, ob eine (im Rechner modellierte) Montageanordnung im Sinne von Def. 2.6 stabil ist oder nicht. In vielen Fällen kann ein exakter Nachweis der Stabilität nicht erbracht werden, da die statischen Verhältnisse nicht bestimmt sind. In der Praxis begnügt man sich daher meist mit mehr oder weniger groben Abschätzungen oder aber damit, daß man sich auf Montageanordnungen[12] beschränkt, die einen

---

Objekt 1 solange in Richtung der Flächennormalen der Fläche a bewegt wird, bis ein Kontakt der Flächen a und b festgestellt wird.

[10]s. [21]

[11]Teile wie Federn, Gummiringe, usw. sind ausgeschlossen

[12]In [9] werden beispielsweise ausschließlich Anordnungen aus einfachen geometrischen Objekten wie Würfel, Quader, Pyramiden usw. betrachtet. Dabei dürfen Objekte immer nur auf waagrechte Flächen gestellt werden, wodurch das Problem der schwerkraftsbedingten Reibung entfällt. In [24] werden allgemeine Objekte der Klasse "Polyeder"

gewissen Schwierigkeitsgrad nicht überschreiten.

Als Voraussetzung für eine Analyse muß eine Spezifikation der Montageaufgabe vorliegen. Diese wird von dem Benutzer interaktiv mit Hilfe des Spezifikationsmoduls erzeugt. Ein Ziel bei dem Entwurf des Planungssystems bestand darin, mit einem Minimum von Eingabedaten auszukommen, sozusagen einem "Bild" der gegebenen Ausgangsanordnung und der gewünschten Zielanordnung der Teile. Zusatzinformationen, wie z.B. zwischen einzelnen Objekten der Szene existierende Relationen, müssen jedoch nicht vom Benutzer spezifiziert werden[13]. Bei dem vorgeschlagenen System werden Vorrangrestriktionen durch verschiedene Analysemodule gewonnen, deren Ergebnis grundsätzlich aus einem oder mehreren Sätzen von Vorrangrestriktionen besteht. Diese Module verwenden ein internes Modell, das automatisch aus dem CAD-Modell der einzelnen Objekte abgeleitet wird. Bei der Implementierung wurde eine BR-Struktur (Boundary Representation) zugrundegelegt.

5.4 Das Modul zur Synthese von Vorranggraphen

Das Synthesemodul stellt den Kern des Planungssystems dar. Seine Eingabe, die es sowohl vom Benutzer, einem Analysemodul als auch einem Detailplanungsmodul erhalten kann, besteht aus mehreren Sätzen von Vorrangrestriktionen, die entstehen können durch:

- den Spezifikateur, der bestimmte Vorrangrestriktionen vordefinieren kann

- die Analysemodule, welche die gegebene Montageaufgabe gezielt nach bestimmten Kriterien[14] untersuchen

- die Detailplanungsmodule, welche die Details der Ausführung festlegen

---

zugelassen, die auch konkav sein dürfen. Auf die allgemeine Behandlung der Reibung wird jedoch ebenfalls verzichtet. Als Ergebnis werden Sätze von Vorrangrestriktionen geliefert die mit Hilfe der Regel 2.3 gewonnen werden.

[13]Damit unterscheidet sich das System von den Planungssystemen, die als Eingabe eine Verknüpfung von Relationen verlangen, wie z.B. AND((ON A B)(ON B C))

[14]wie z.B. Durchdringungsverbot, Stabilitätsforderung und Robustheitsforderung

1. Auswahl der Agenten

2. Festlegung der relativen Lage von Ausgangs- und Zielanordnung
   und des Roboterstandorts

3. Zuordnung von Agenten zu Montageoperationen

4. Planung der Bahnen[15]

5. Planung der Meßaufgaben[16]

- den Überwacher, der während der Planausführung weitere Vorrangrestriktionen fordert, um den Ablauf zu optimieren.

Die Aufgabe des Synthesemoduls besteht zum einen darin, einen Vorranggraphen zu konstruieren, der aus jedem Satz eine Vorrangrestriktionsmenge
enthält. Die Erzeugung wird mittels eines heuristischen Suchverfahrens
durchgeführt, wobei der Suchbaum soviele Ebenen hat, wie Sätze angeliefert
werden. Da zu keinem Zeitpunkt gewährleistet ist, daß keine weiteren Vorrangrestriktionen mehr dazukommen können, bleibt der Suchprozeß während der gesamten Planerstellungs- und Ausführungsphase aktiv.

Zum anderen besteht die Aufgabe des Synthesemoduls darin, den Benutzer
zu unterstützen, falls jede Kombination der eingegebenen Vorrangrestriktionsmengen zu einem unausführbaren Plan führt. Es ist sinnvoll, sowohl
die Montageoperationen anzuzeigen, die in einem Zyklus enthalten sind, als
auch die dazugehörenden Vorrangrestriktionen selbst. Ersteres unterstützt
die Zyklenbehandlung für den Fall, daß man eine Menge von Einzelteilen
zu einer Baugruppe zusammenfassen möchte. Letzteres ist hingegen dann
vorteilhaft, wenn Zyklen durch Behebung der Vorrangrestriktionsursache
beseitigt werden sollen.

Die Implementierung des Synthesemoduls wird zusammen mit Messungen
bei zufällig erzeugten Vorrangrestriktionssätzen in [10] beschrieben. Für die
Bewertung von Vorranggraphen wurde zur Ermittlung der Sequenzzahl ein
Algorithmus aus [51] entnommen.

---

[15]Geometrie, Dynamik, Korridore

[16]Mit welchem Sensor wird zu welchem Zeitpunkt gemessen? Welche Meßwerte sind
zu erwarten? Welche Maßnahmen ergeben sich daraus?

5.5 Das Modul zur Detailplanung

Das Untersystem "Detailplanung" steht für eine Menge spezieller Planungssysteme, die hierarchisch aufeinander aufbauen. Um den Rahmen dieser Arbeit nicht zu sprengen, sollen nur einige davon aufgrund ihrer Funktionalität und ihrer Schnittstellen vorgestellt werden. Das Ziel besteht dabei hauptsächlich darin zu zeigen, wie sich diese Module in das Gesamtkonzept einfügen.

5.5.1 Die Auswahl von Greifertyp und Robotertyp

Die Festlegung von Greifertyp und Robotertyp ist eng verbunden mit der Wahl des Roboterstandorts. Eine mögliche Vorgehensweise besteht darin, zuerst den Greifertyp festzulegen. Dafür wird folgende Eingabe verlangt:

- die Menge der auszuführenden Operationen in Form der A/S-Liste

- eine Beschreibung des Greifertyps, der für die Aufgabe verwendet werden soll

- eine Liste möglicher Griffe für jedes zu greifende Objekt

Durch die Wahl des Greifertyps können Vorrangrestriktionen entstehen, wie in Abschnitt 2.3.2 bereits gezeigt wurde. Wenn die Montageaufgabe trotz dieser Vorrangrestriktionen lösbar ist, kann auf ähnliche Weise der Robotertyp festgelegt werden. Dazu wird folgende Eingabe benötigt:

- die Menge der auszuführenden Operationen in Form der A/S-Liste

- eine Beschreibung des Greifertyps, der für die Aufgabe verwendet werden soll

- eine Beschreibung des Robotertyps, der die Aufgabe ausführen soll

- eine Liste möglicher Griffe für jedes zu greifende Objekt.

Auch hier können wieder Vorrangrestriktionen entstehen, die allerdings auch vom Standort des Roboters abhängen. Dieser sollte so festgelegt werden, daß die Menge der entstehenden Vorrangrestriktionen minimal ist. Falls die Montageaufgabe durch zwei oder mehrere Roboter gelöst werden soll, muß noch eine Verteilung der Montageoperationen auf die Roboter erfolgen. Liegen die einzelnen Operationszeiten für die jeweiligen Roboter genau genug fest, ist es günstig, die Zuordnung off-line, also vor der Ausführung zu treffen. Andernfalls, wenn sich der Roboter beispielsweise mit externen Prozessen koordinieren muß, ist aufgrund der Zeitersparnis eine dynamische Zuordnung zur Ausführungszeit vorteilhafter.

Für die Festlegung des Roboterstandorts wird folgende Eingabe benötigt:

- die Menge der auszuführenden Operationen in Form der A/S-Liste.

- eine Beschreibung des Robotertyps samt verwendetem Greifer

- eine Liste möglicher Griffe für jedes zu greifende Objekt.

Zur Festlegung eines günstigen Orts für den Roboter wird ein Kriterium benötigt, das in der Lage ist zu beurteilen, ob eine bestimmte Roboterarmkonfiguration günstig ist oder nicht[17]. Mittels eines Suchverfahrens wird dann ein günstiger Ort für den Roboter iterativ bestimmt, indem der Roboter schrittweise von einer Startposition aus solange verschoben wird, bis er alle Punkte, die er im Laufe des Programms anfahren muß, erreichen kann. Die Ausgabe dieses Moduls besteht aus:

- einer Angabe über einen günstigen Standort für den Roboter.

- einer Bewertung der Roboterarmkonfiguration für den Anfangs- und Endpunkt einer Transferbewegung[18]

- einer Abschätzung des zu erwartenden Bewegungsaufwands für eine Transferbewegung

- dem maximalen Bewegungsspielraum des Roboters an den Endpunkten einer Bewegungsbahn[19].

- gegebenenfalls einem Satz alternativer Vorrangrestriktionsmengen

---

[17]In [11] wird dafür ein Bewertungskriterium vorgestellt.

[18]Eine "Transferbewegung" stellt eine Bewegung dar, bei der der Roboter ein gegriffenes Teil in seine Zielposition bringt.

[19]Diese Größe ist beispielsweise durch den Abstand einer Konfiguration zu den Rändern der Bewegungsräume gegeben.

Abhängig von den Ergebnissen kann festgelegt werden, ob sich der gewählte Robotertyp aufgrund seiner Geometrie und Kinematik für die gegebene Aufgabe eignet. Wenn dies nicht der Fall ist, sind verschiedene Maßnahmen denkbar je nach dem, in welchem Kontext das Planungssystem eingesetzt wird. Bei der Planung einer Roboterzelle kann beispielsweise die Anordnung von Zuführeinrichtungen verändert, ein anderer Roboter ausgewählt, ein drehbarer Arbeitstisch oder ein zusätzlicher Roboter eingeplant werden. Im Falle eines mobilen Roboters besteht außerdem die Möglichkeit, während der Ausführung den Standort des Roboters zu ändern.

In [11] wird die Realisierung eines Detailplanungsmoduls beschrieben, das u.a. die Vorrangrestriktionen ableitet, die mit der Wahl eines bestimmten Greifertyps verbunden sind. Die verschiedenen Montageobjekte und der Greifer werden dazu mit Hilfe eines CAD-Systems modelliert. Dabei sind jedem Montageteil mehrere erlaubte Griffe zugeordnet. Aufgrund der AS-Liste wird eine Szene mit Hindernissen aufgebaut und getestet, ob der Greifer beim Greifen eines Teils in Ausgangs- und Zielposition Objekte der Szene durchdringt. Im Fall von Durchdringungen werden die entsprechenden Vorrangrestriktionen abgeleitet. Eine besondere Schwierigkeit stellt die Tatsache dar, daß sowohl ein Griff Freiheitsgrade haben kann[20], als auch die Zielposition von Bauteile[21]. Das Modul leitet nur dann Vorrangrestriktionen ab, wenn sie auch durch Ausnutzen von Symmetrien nicht umgangen werden können.

In strukturierten Umgebungen[22] entstehen normalerweise nur wenige Vorrangrestriktionen, da die Anordnung der Teile und die Form des Greifers sorgfältig aufeinander abgestimmt werden. Daher ist dieses Modul in erster Linie bei der Fehlerbehebung[23] oder in unstrukturierten Umgebungen von Bedeutung.

5.5.2 Die Planung der Bahngeometrie

Nachdem festgelegt wurde, welcher Roboter eine Transferbewegung durchführen soll und wo sich sein Standort relativ zu den Montageteilen und dem Montagetisch befindet, kann die Bahn geometrisch exakt festgelegt werden. Folgende Informationen stehen als Eingabe dafür zur Verfügung:

---

[20]z.B. bei einem zylindrischen Stift
[21]zylindrischer Stift in zylindrischem Loch
[22]z.B. eine Montagezelle
[23]wenn z.B. Teile gekippt sind

- die Menge der auszuführenden Operationen in Form der A/S-Liste

- eine Beschreibung des Robotertyps und des Greifertyps

- der Standort des Roboters relativ zur Montageaufgabe

- gegebenenfalls eine Zeitvorgabe, um die Bahn bereits zeitoptimal auslegen zu können

Eine Transferbewegung setzt sich aus mehreren Phasen zusammen, für die wiederum spezielle Subplanungsmodule eingesetzt werden. Ihre Aufgaben bestehen in

- der exakten Festlegung, wie das zu transportierende Objekt gegriffen werden soll.

- der Planung der Feinbewegung, d.h. der Bewegung des Objekts, solange es sich in unmittelbarer Nähe von anderen Objekten befindet.

- der Grobbewegung, d.h. der freien Bewegung eines Roboterarms im Raum, sei es mit oder ohne gegriffenem Objekt.

Für die Planung von Roboterbewegungen existieren verschiedene Ansätze und Realisierungen[24]. Die Ausgabe, die durch diesen Planungsschritt geliefert werden kann, umfaßt somit:

- das Bewegungsprogramm für eine Transferbewegung[25].

- den tatsächlichen Bewegungsaufwand[26]

- einen Sicherheitsbereich, d.h. ein Maß dafür, wie weit von der berechneten Bahn abgewichen werden darf.

- gegebenenfalls einen oder mehrere Sätze alternativer Vorrangrestriktionsmengen.

---

[24]siehe dazu auch Kapitel 1.3.2

[25]Es beschreibt in erster Linie die Bahngeometrie, während für die Bahnparameter "Geschwindigkeit" und "Beschleunigung" meist nur Standardwerte eingesetzt werden.

[26]z.B. die Länge der Bahn

5.5.3 Die Planung der Bahndynamik

Falls in der Phase der Geometrieplanung die Dynamik der Bahn nicht
berücksichtigt wurde, muß diese in einem weiteren Planungsschritt festgelegt werden. Dafür stehen als Eingabe nun folgende Informationen zur
Verfügung:

- eine Beschreibung des Robotertyps, der die Aufgabe ausführen soll,

- das (geometrische) Bewegungsprogramm,

- eine Beschreibung des zu transportierenden Teils[27],

- eine Beschreibung des verwendeten Greifers, um auf die während der
  Bewegung wirkenden Kräfte schließen zu können,

- eine Vorgabe der Zeit, welche die Bewegung maximal in Anspruch
  nehmen darf,

- eine Angabe bezüglich des Sicherheitsbereiches. Durch ihn wird festgelegt, wie weit zu Optimierungszwecken maximal von der vorgegebenen Bahn abgewichen werden darf.

Die Planung der Bahndynamik hat zum Ziel, eine vorgegebene Bewegung
möglichst zeitoptimal auszuführen, ohne dabei die zwischen Greifer und Objekt herrschenden Kräfte und Momente zu groß werden zu lassen. Dazu kann
es notwendig sein, die vorgegebene Bahn an kritischen Stellen zu glätten.
Das Ergebnis und somit Ausgabe dieses Planungsschritts umfaßt folgende
Punkte:

- ein Bewegungsprogramm für die geglättete Bahn,

- die genauen Geschwindigkeits- und Beschleunigungswerte an den berechneten Bahnpunkten,

- gegebenenfalls ein oder mehrere Sätze alternativer Vorrangrestriktionsmengen.

---

[27]Masse, Schwerpunkt, usw.

5.5.4 Die Planung von Meßaufgaben

Bisher wurden nur Armbewegungen betrachtet, die zum Ziel hatten, ein
Montageteil zu holen und an seine Zielposition zu bringen. Wenn der Plan
einen gewissen Grad an Detaillierung besitzt, muß geprüft werden, ob zur
Ausführungszeit Meßaufgaben durchgeführt werden müssen, wie beispiels-
weise die Lagebestimmung eines Werkstücks. Neben einer einzuplanenden
Sensoroperation kann dies zur Folge haben, daß der Roboter eine Bewe-
gung ausführen muß, sei es, um nicht in den Meßbereich des Sensors zu
gelangen, oder um den Sensor selbst an seine Meßposition zu bringen. Die
Eingabe umfaßt im wesentlichen also die Spezifikation einer Meßaufgabe.
Die Ausgabe besteht aus

- einem Programm für die Sensoroperationen[28]

- einer Zeitabschätzung für die Sensoroperationen.

- Vorrangrestriktionen zur Einbindung der Operationen in den Vorranggraphen

- gegebenenfalls einem oder mehreren Sätzen alternativer Vorrangrestriktionsmengen, um zu vermeiden, daß bestimmte Objekte in der
  Szene die Messung behindern.

5.5.5 Die Bestimmung des Bewegungsspielraums

Dieser Planungsschritt soll es ermöglichen, daß während der späteren Ausführung sensorgeführt von der ursprünglich vorgesehenen Bahn abgewichen
werden kann. Dies kann notwendig sein, wenn sich Einzelteile beispielsweise
nicht exakt an den vorgesehenen Stelle befinden[29] Eine On-line-Korrektur
bedeutet, daß während der Ausführung zusätzliche oder abweichende Bewegungen ausgeführt werden müssen. Dies setzt jedoch voraus, daß entweder zur Ausführungszeit der gesamte Planungsprozeß neu gestartet werden
muß, was aus Aufwandsgründen nicht durchführbar ist, oder daß zu einer
geplanten Bewegung der Bewegungsspielraum zugeordnet sein muß, um den
Raum für nötige Korrekturen abzugrenzen. Dieser Schritt benötigt folgende
Eingabe:

---

[28]Sensor einschalten, Sensorwerte auslesen, abspeichern, interpretieren, usw.

[29]Z.B. aufgrund sich fortpflanzender Fehler, oder weil das Teil wegen einer externen
Störung gekippt ist, usw.

- die Menge der auszuführenden Operationen in Form der A/S-Liste.

- eine Beschreibung des Robotertyps, der die Aufgabe ausführen soll

- der Standort des Roboters in der Zelle

- die exakten Bahndaten, falls der Spielraum auf die Roboterbahn bezogen wird

- eine Geometriebeschreibung des zu transportierenden Teils

- eine Beschreibung des gewählten Griffs

Die Ausgabe besteht aus

- dem Bewegungsspielraum an den Operationspunkten

- gegebenenfalls einem oder mehreren Sätzen alternativer Vorrangrestriktionsmengen, um anzuzeigen, daß der Spielraum u.U. größer sein kann, wenn eine bestimmte Montagereihenfolge eingehalten wird.

5.5.6 Die Synchronisation mehrerer Roboter

Werden zur Lösung einer Aufgabe mehrere Roboterarme eingesetzt, muß gewährleistet sein, daß die Arme während den verschiedenen Operationen nicht kollidieren. Ein Ansatz zur Lösung dieses Problems besteht prinzipiell darin, einer einzelnen Armbewegung jeweils das Volumen zuzuordnen, das der Arm und das gegriffene Objekt überstreicht. Daraufhin werden die einzelnen Volumina, die zu verschiedenen Armen gehören, auf Durchdringung untersucht. Aus einer Durchdringung zweier Volumina, die zu den Bewegungen b_1 des Roboters r_1 und b_2 des Roboters r_2 gehören, kann gefolgert werden, daß r_1 und r_2 die entsprechenden Bewegungen nicht gleichzeitig ausführen dürfen, da sonst die Arme kollidieren können. Die Ausgabe besteht hier also auch hier aus einem Satz alternativer Vorrangrestriktionsmengen, die sich nach dem gezeigten Schema in den aktuellen Vorranggraphen einbauen lassen. Dies ist jedoch nur dann sinnvoll, wenn das Zeitverhalten der einzelnen Operationen genau genug bekannt ist. Andernfalls ist es günstiger, diese Entscheidungsfreiheit dem Ausführungsmodul zu überlassen. Die Eingabe für das Planungsmodul zur Synchronisation mehrerer Arme muß folgende Information enthalten:

- Die Menge der auszuführenden Operationen (Bewegungen)

- Die Zuordnung der einzelnen Operationen zu den verschiedenen Robotern.

- Die exakten Bahndaten

- Der Aufwand, den eine Bewegung für den ausführenden Roboter darstellt.

Kapitel 6

Zusammenfassung der Arbeit

Beim Entwurf des in dieser Arbeit vorgestellten Planungssystems wurden nur einige Teilaspekte aus dem umfangreichen Gebiet der Montageplanung berücksichtigt. da dort die Schwerpunkte anders gelagert sind. Das Prinzip der Vorranggraphenerzeugung und deren Abbildung auf Petri-Netze kann jedoch mit Sicherheit in der Montageplanung sinnvoll eingesetzt werden, zumal sich dort die Verwendung von Vorranggraphen als grundlegende Datenstruktur in der Praxis bereits bewährt hat.

Verglichen mit den Planungssystemen der Robotik ist das vorgestellte System als übergeordnet zu betrachten. Die bisherigen Roboteraktionsplanungssysteme beschränken sich in erster Linie darauf, für eine vom Roboter auszuführende Montageoperation ein entsprechendes Detailprogramm zu generieren, während die Reihenfolge der Operationen als gegeben angenommen wird. Eine Rückführung der Ergebnisse auf die Ebene der Montageplanerstellung ist dabei nicht gegeben. Das vorgeschlagene System hebt diese starre Trennung auf, indem es die Möglichkeit erlaubt, daß Detailplanungsmodule ebenfalls die Gestaltung des Vorranggraphen mitbeeinflussen können.

Die Roboteraktionsplanungssysteme, die bisher auf dem Gebiet der Künstlichen Intelligenz entstanden sind, gehen i.a. von einer fest vorgegebenen Montageaufgabe und einem gedachten oder realen Roboter aus. Ihr Ziel besteht hauptsächlich darin, für die gestellte Aufgabe eine Aktionssequenz zu generieren. Das vorgestellte System stellt in sofern eine Verbesserung dar, als es auf Vorrangrestriktionen operiert, die durch Simulation mit Hilfe eines CAD-Modells der Montageaufgabe automatisch abgeleitet werden können. Dadurch lassen sich auch für kompliziertere Montageaufgaben Pläne erzeugen. Dies konnte bisher mit einem Ansatz, bei dem versucht wird, die Eigenschaften und Beziehungen von Objekten der realen Welt durch Prädikate zu beschreiben[1], in der Praxis nicht erreicht werden.

In dieser Arbeit wurde ein Konzept eines Roboteraktionsplanungssystems vorgestellt, das es ermöglicht, für Roboter direkt ausführbare Montagepläne zu erzeugen. Die charakteristischen Merkmale des Systems sind:

- Es ermöglicht die Erzeugung *vollständiger* ausführbarer Pläne für eine gegebene Montageaufgabe, falls diese ausführbar ist.

- Falls kein ausführbarer Plan existiert, ist es in der Lage, den Spezifikateur bei der Modifikation der Aufgabe *konstruktiv* zu unterstützen, indem es die widersprüchlichen Vorrangrestriktionen aufdeckt.

- Die erzeugten Pläne sind *nichtlinear* und lassen damit Raum für spätere Optimierungen[2].

- Der Planungsprozeß ist grundsätzlich *offen*, d.h., zu jedem Zeitpunkt können weitere Vorrangrestriktionen eingebaut werden. Dies hängt damit zusammen, daß das System Pläne, die sich im Laufe der Planung als ungünstig erweisen, zurückstellen und dafür einen vielversprechenderen Plan weiterverfolgen kann.

- Planentscheidungen werden erst dann getroffen, wenn es aufgrund vorliegender Informationen notwendig ist. Offene Entscheidungen werden in dem erzeugten Plan durchgereicht. Durch diese Strategie wird vermieden, daß durch willkürliche Festlegungen mögliche Lösungen übersehen werden.

- Die Ergebnisse der einzelnen Analyse- und Detailplanungsmodule sind *modular*, da die Vorrangrestriktionsmengen den Regeln zugeordnet werden, durch die sie entstanden sind. Dadurch kann eine direkte Aussage darüber gemacht werden, welche Teile der abgeleiteten Informationen für ähnliche Planungsaufgaben verwendet werden können. Ändert man beispielsweise die Lage der Montageanordnung, so bleiben die Vorrangrestriktionen, die aufgrund des Durchdringungsverbots entstanden sind, erhalten. Verwendet man hingegen einen anderen Robotertyp, so ändern sich nur die roboterabhängigen Vorrangrestriktionen.

---

[1] Prädikatenlogik

[2] Verteilung der Aufgabe auf mehrere Roboter, dynamische Auswahl der nächsten auszuführenden Operation

- Ein Problem bei der Festlegung von Montagereihenfolgen besteht darin, daß sehr viele, unterschiedliche Faktoren existieren, die eine Montagereihenfolge beeinflussen können. Neben geometrischen, topologischen und technologischen Randbedingungen können beispielsweise auch wirtschaftliche Überlegungen eine Rolle spielen, die mit dem zu fertigenden Produkt in keinem direktem Zusammenhang stehen. Durch die Verwendung von Vorrangrestriktionen ist es möglich, die getroffenen Planentscheidungen transparent zu halten Diese *Transparenz* war bei den klassischen KI-Planungssystemen nicht gegeben. Dort wurden beispielsweise aufgrund des aktuellen Weltzustandes Operatoren aktiviert, die den Weltzustand änderten, wodurch man sich dem gewünschten Zielzustand näherte. Die Reihenfolge der Aktionen ergab sich daher implizit durch die zeitliche Reihenfolge der Operatoren.

- Durch Verwendung eines einzigen Typs von Restriktionen[3] ist der Kern des Systems, der im wesentlichen aus dem Synthesemodul besteht, prinzipiell auch auf andere Anwendungsgebiete übertragbar.

Zur Darstellung von Plänen wurden Vorranggraphen verwendet, die durch die Zusammenfassung der gewonnenen Sätze von Vorrangrestriktionen entstanden. Dabei hat es hat sich gezeigt, daß sich die u.U. große Anzahl alternativer Pläne sehr gut dadurch beherrschen läßt, daß nur der vielversprechendste Teilplan vollständig ausgebildet wird. Die Entscheidung, welcher Teilplan weiter entwickelt werden soll, kann mit Hilfe einer Heuristik getroffen werden.

Das vorgestellte Konzept liefert somit einen Beitrag dazu, die vielfältige Planungsproblematik, die sich beim Einsatz von Industrierobotern für Montageaufgaben ergibt, besser in den Griff zu bekommen. Dank der modularen Struktur ist es möglich, das System stufenweise auszubauen und zu verbessern.

---

[3] Vorrangrestriktionen

Anhang A

Die Analyse des Cranfield Montagesatzes

A.1   Die Montageaufgabe

Der Cranfield Montagesatz wurde im Rahmen eines europäischen Forschungsprojektes als Benchmark für Montageroboter vorgeschlagen[1]r besteht aus 17 Einzelteilen, die auf einer Grundplatte angeordnet sind und auf einer dort befindlichen Fixierung zusammengebaut werden müssen. Abb. A.1 zeigt, wie die Einzelteile des Benchmark angeordnet sind. Die beiden größeren Teile am linken Rand heißen "Seitenplatten"[2]. In der rechten Ecke befinden sich vier "Abstandsstifte"[3], die acht Stifte in der unteren Ecke heißen "Verriegelungsstifte"[4]. Die drei verbleibenden Teile, die in der Mitte der Grundplatte angeordnet sind, heißen[5] "Achse"[6], "Pendel"[7] und "Abstandsstück"[8]. Eine graphische Darstellung des fertig montierten Bausatzes wird in Abb. A.2 gezeigt. Die Achse ist durch das Pendel geführt und in den beiden Seitenplatten gelagert. Der Abstand der beiden Seitenplatten wird durch vier Abstandsstifte und ein Abstandsstück gehalten. Jeder Abstandsstift wird durch je zwei Verriegelungsstifte in den beiden Seitenplatten fixiert. Abb. A.3 zeigt, wie ein Verriegelungsstift einen Abstandsstift in einer Seitenplatte fixiert.

---

[1]E

[2]$S.platte_{1,2}$, s. Abb. A.10

[3]$A.stift_{1,\dots,4}$, s. Abb. A.13

[4]$V.stift_{1,\dots,8}$, s. Abb. A.15

[5]von oben nach unten

[6]s. Abb. A.11

[7]s. Abb. A.14

[8]$A.stück$, s. Abb. A.12

Das seitliche Herausrutschen des Abstandsstücks wird dadurch verhindert, daß zwei Abstandsstifte durch es hindurch geführt sind. Um die verschiedenen Bauteile gleichen Typs zu unterscheiden, wurde folgende Numerierung festgelegt[9]: s. [6]. Von den Teilen Abstandsstück, Achse und Pendel existiert

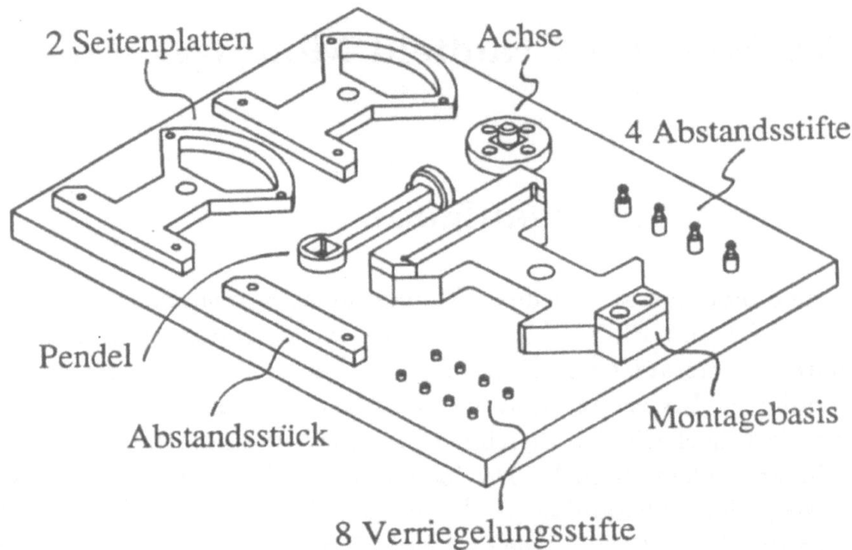

Abb. A.1: Bsp. 14: Der Cranfield Montagesatz (Ausgangsanordnung)

jeweils nur ein Exemplar. Daher soll auf eine Indizierung verzichtet werden. Die untere Seitenplatte, die das Basisteil der Montageanordnung darstellt, sei als $S.platte_1$ bezeichnet, die obere demnach als $S.platte_2$. Die Numerierung der Abstandsstifte ist aus Abb. A.2 zu ersehen, das Abstandsstück wird also durch die Abstandsstifte 3 und 4 gehalten. Die Numerierung der Verriegelungsstifte wurde wie folgt festgelegt: Der i-te Abstandsstift wird mit der j-ten Seitenplatte durch den k-ten Verriegelungsstift fixiert[10], wobei $k = i + 4(j - 1)$. D.h. Abstandsstift 1 wird durch die Verriegelungsstifte 1 und 5 fixiert, Abstandsstift 2 wird durch die Verriegelungsstifte 2 und 6, usw.

---

[9]s. Abb. A.2

[10]$i = 1, \ldots, 4,\ j = 1, 2$

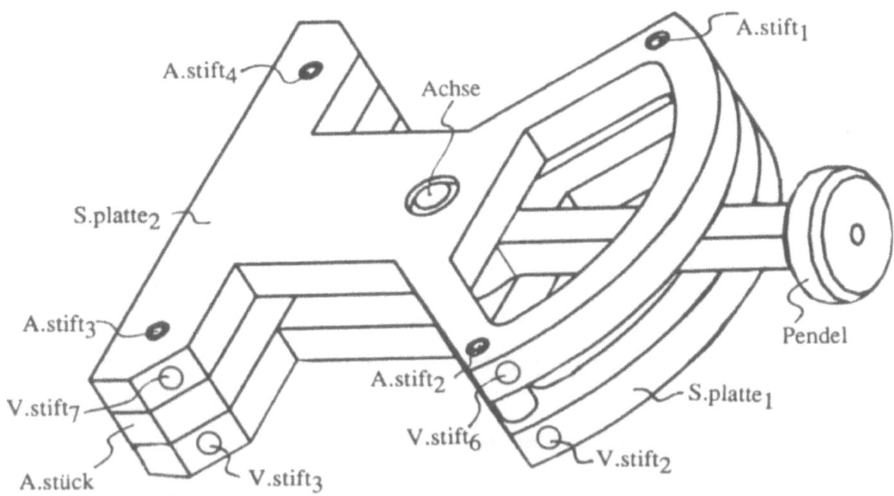

Abb. A.2: Zu Bsp. 14: Der Cranfield Montagesatz (Zielanordnung ohne Montageplatte)

A.2 Das Durchdringungsverbot

In diesem Abschnitt soll untersucht werden, welche Vorrangrestriktionen bei der Montage des Cranfield Montagesatzes zu beachten sind, damit eine durchdringungsfreie Montage möglich ist. Die Lage der Montageanordnung bezüglich des Montagetisches soll dabei vorerst nicht berücksichtigt werden. D.h. es soll davon ausgegangen werden, daß man die verschiedenen Einzelteile "frei schwebend" im Raum plazieren kann. Dabei werden die in Abb. A.2 festgelegten Bezeichnungen verwendet.

Aufgrund der Konstruktion müssen sich die vier Abstandsstifte und die Achse jeweils an ihrer Zielposition befinden, bevor die zweite der beiden Seitenplatten montiert wird. Andernfalls müßten sie auf ihrem Weg zu ihrer Zielposition entweder eine der beiden Seitenplatten durchdringen oder aber andere Teile, die von den Seitenplatten abhängig sind. D.h. die Anordnung $[S.platte_1, S.platte_2]$ ist im Sinne der Definition 2.5 minimal verschlossen bezüglich der Montage der Abstandsstifte bzw. der Achse. Für

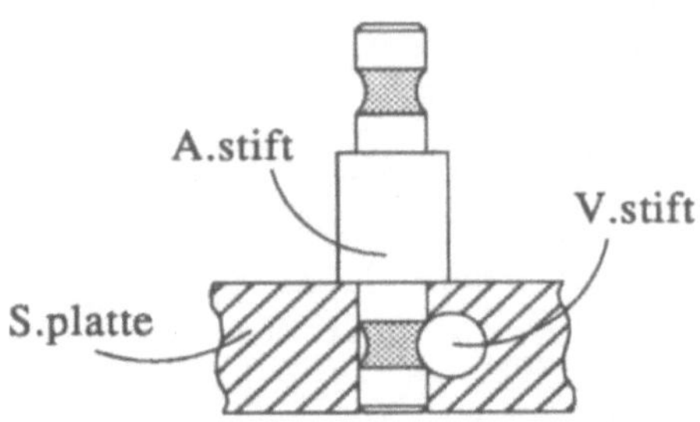

Abb. A.3: Zu Bsp. 14: Seitenplatte, Abstandsstift und Verriegelungsstift

die Abstandsstifte bzw. die Achse gilt somit[11]:

$$\pi(A.stift_i^+, S.platte_1^+) \lor \pi(A.stift_i^+, S.platte_2^+)$$

bzw.

$$\pi(Achse^+, S.platte_1^+) \lor \pi(Achse^+, S.platte_2^+)$$

Betrachtet man für das Pendel und das Abstandsstück außerdem noch jeweils die seitliche Fügerichtung, so zeigt es sich, daß das Pendel seitlich nur von der Achse und das Abstandsstück nur von den Abstandsstiften 3 und 4 abhängig ist. Bezüglich des Abstandsstücks existieren zwei verschiedene minimal verschlossene Anordnungen, nämlich

$$[S.platte_1, S.platte_2, A.stift_3] \quad und \quad [S.platte_1, S.platte_2, A.stift_4]$$

Die Vorrangrestriktionen für das Abstandsstück lauten daher:

$$\pi(A.stück^+, S.platte_1^+) \lor \pi(A.stück^+, S.platte_2^+) \lor \pi(A.stück^+, A.stift_3^+)$$

bzw.

$$\pi(A.stück^+, S.platte_1^+) \lor \pi(A.stück^+, S.platte_2^+) \lor \pi(A.stück^+, A.stift_4^+)$$

Die Anordnung $[S.platte_1, S.platte_2, Achse]$ ist bezüglich des Pendels minimal verschlossen. Daraus resultieren die Vorrangrestriktionen

$$\pi(Pendel^+, S.platte_1^+) \lor \pi(Pendel^+, S.platte_2^+) \lor \pi(Pendel^+, Achse^+)$$

---

[11] $i \in \{1, \ldots, 4\}$

Für die vier Abstandsstifte und die Achse ergeben sich daher jeweils zwei alternative Mengen von Vorrangrestriktionen, also insgesamt $2^4 \cdot 2$. Für das Pendel und das Abstandsstück existieren jeweils drei Alternativen. Dadurch ergeben sich in der Kombination also insgesamt 288 verschiedene, alternative Vorrangrestriktionsmengen[12].

Die Konstruktion des Benchmarks legt außerdem fest, daß die einzelnen Verriegelungsstifte erst dann gefügt werden dürfen, wenn die miteinander zu fixierenden Teile, also jeweils eine Seitenplatte und der entsprechende Abstandsstift, an ihrer Zielposition sind. Somit gilt[13]:

$$\pi(A.stift_i^+, V.stift_i^+) \wedge \pi(S.platte_1^+, V.stift_i^+)$$

bzw.

$$\pi(A.stift_i^+, V.stift_{i+4}^+) \wedge \pi(S.platte_2^+, V.stift_{i+4}^+)$$

Die eben gefundene Vorrangrestriktionsmenge ist mit allen zuvor entdeckten Vorrangrestriktionsmengen verträglich, d.h., bezüglich der Montagereihenfolge gibt es keine widersprüchlichen Anforderungen. Es bleiben also alle 288 Vorranggraphen erhalten.

Berücksichtigt man außerdem den Montagetisch T, auf dem die Montage ausgeführt wird, so entstehen zusätzliche Vorrangrestriktionen, die von der Lage des Montagesatzes abhängen. Da man i.a. davon ausgehen kann, daß der Tisch vor allen Montageteilen vorhanden sein muß, gilt grundsätzlich für alle Montageteile X die Vorrangrestriktion $\pi(T^+, X^+)$. Außerdem muß bei der Montage die Randbedingung eingehalten werden, daß kein Montageteil den Montagetisch durchdringen darf. Da $S.platte_1$ nach Abb. A.2 als Basisteil verwendet wird, liegt $S.platte_1$ zwischen dem Tisch, der oberen Seitenplatte und den Abstandsstiften. Daher gilt:

$$\pi(S.platte_1^+, T^+)$$
$$\vee$$
$$(\pi(S.platte_1^+, A.stift_{1,\dots,4}^+) \wedge \pi(S.platte_1^+, Achse^+))$$

Die vier Abstandsstifte befinden sich ebenfalls zwischen dem Montagetisch und der oberen Seitenplatte. Daher gilt:

$$\bigvee_{i=1}^{4} \pi(A.stift_i^+, S.platte_2^+) \vee \bigvee_{i=1}^{4} \pi(A.stift_i^+, T^+)$$

---

[12] $288 = 2^4 \cdot 2 \cdot 3 \cdot 3)$

[13] $i \in \{1, \dots, 4\}$

Entsprechend gilt für die Achse:

$$\pi(Achse^+, S.platte_2^+) \lor \pi(Achse^+, T^+)$$

A.3 Die Stabilitätsforderung

In Tab. A.1 werden jedem Bauteil des Cranfield Montagesatzes Mengen
von Bauteilen zugeordnet, von denen es wahlweise abhängig ist. In der
dritten Spalte sind jeweils die davon ableitbaren Vorrangrestriktionsmengen
aufgeführt.

betrachtetes Bauteil	ist abhängig von	resultierende Vorrangrestriktion(en)
$Achse$	$\{S.platte_1, S.platte_2\}$	$\pi(S.platte_{1,2}^+, Achse^+)$
$A.stift_1$	$\{S.platte_1, S.platte_2\}$	$\pi(S.platte_{1,2}^+, A.stift_1^+)$
$A.stift_2$	$\{S.platte_1, S.platte_2\}$	$\pi(S.platte_{1,2}^+, A.stift_2^+)$
$A.stift_3$	$\{A.stück\}$ oder $\{S.platte_1, S.platte_2\}$	$\pi(A.stück^+, A.stift_3^+)$ $\lor$ $\pi(S.platte_{1,2}^+, A.stift_3^+)$
$A.stift_4$	$\{A.stück\}$ oder $\{S.platte_1, S.platte_2\}$	$\pi(A.stück^+, A.stift_4^+)$ $\lor$ $\pi(S.platte_{1,2}^+, A.stift_4^+)$
$A.stück$	$\{T\}$	$\pi(T^+, A.stück^+)$
$Pendel$	$\{Achse, A.stift_1\}$	$\pi(Achse^+, Pendel^+) \land$ $\pi(A.stift_1^+, Pendel^+)$
$S.platte_{1,2}$	$\{T\}$	$\pi(T^+, S.platte_{1,2}^+)$
$V.stift_{1,2,3,4}$	$\{S.platte_1\}$	$\pi(S.platte_1^+, V.stift_{1,2,3,4}^+)$
$V.stift_{5,6,7,8}$	$\{S.platte_2\}$	$\pi(S.platte_2^+, V.stift_{5,6,7,8}^+)$

Tab. A.1: Abhängigkeitstabelle zum Cranfield Montagesatz (stehend)

Das Stabilitätskriterium soll nun auf den Cranfield Montagesatz angewendet
werden. Da die Menge der entstehenden Vorrangrestriktionen von der Richtung abhängt, in der die Schwerkraft wirkt, muß vorher seine Lage festgelegt
werden. Es sollen daher zuerst die Stabilitätsverhältnisse bei "stehendem"
Montagesatz betrachtet werden. D.h., die Schwerkraft zeigt entlang der

Richtung der Schnittgeraden der beiden Symmetrieebenen der Anordnung,
während das Pendel nach oben zeigt. Da die Lage des Pendels, wenn es
senkrecht nach oben zeigt, labil ist, soll es soweit verdreht werden, bis es
einen Abstandsstift[14] berührt. Dadurch wird die Abordnung stabil.

Die Abhängigkeiten der Bauteile $A.stift_3$ und $A.stift_4$ führen zu insgesamt vier verschiedenen alternativen Vorrangrestriktionsmengen. Ebenso
hängen die oberen Abstandsstifte von beiden Seitenplatten ab. Dies kommt
daher, daß sich ein Stift, der seitlich in einem Loch steckt, aufgrund des
Spiels leicht nach unten neigt. Die relativ geringe Abweichung verführt
jedoch dazu, bereits eine Seitenplatte als minimal stabil bezüglich eines
Abstandsstifts zuzulassen. Das Zulassen solcher Toleranzen kann allerdings
dazu führen, daß sich die Seiteneffekte ungünstig aufsummieren können,
so daß letztendlich Vorrangrestriktionen übersehen werden und ein nicht
auführbarer Plan entsteht.

Da die Stabilität einer Montageanordnung unmittelbar von der Richtung
der Schwerkraft abhängt, ergeben sich für den Montagesatz andere Vorrangrestriktionsmengen, wenn man eine der beiden Seitenplatten als Basisteil verwendet. Diese sind in Tab. A.2 aufgeführt[15]. Die Kombination der
resultierenden alternativen Vorrangrestriktionsmengen ergibt 320 mögliche
Graphen[16] Diese rühren zum einen daher, daß die Achse und die vier Abstandsstifte sowohl durch die untere Seitenplatte als auch durch den Montagetisch gestützt werden. Dadurch ergeben sich 2 bzw. 2^4 Kombinationen.
Zum anderen existieren 10 verschiedene Teilmengen von Benchmarkteilen,
durch die eine stabile Lage der oberen Seitenplatte garantiert ist.

Bisher wurden die beiden naheliegenden, stabilen Lagen des Cranfield Benchmark untersucht und unterschiedliche Sätze von Vorrangrestriktionsmengen
abgeleitet. Es kann aber auch durchaus sinnvoll sein, den Montagesatz in
schräger Lage zu montieren, beispielsweise um die Operationsstellen besser
in den Arbeitsbereich eines Roboters zu legen.

---

[14] hier $A.stift_1$
[15] $i \in \{1,\ldots,4\}$
[16] $320 = 2 \cdot 2^4 \cdot 10$

Bauteil	ist abhängig von	resultierende Vorrangrestriktionsmenge(n)
$Achse$	$\{S.platte_1\} \vee \{T\}$	$\pi(S.platte_1^+, Achse^+) \vee \pi(T^+, Achse^+)$
$A.stift_i$	$\{S.platte_1\} \vee \{T\}$	$\pi(S.platte_1^+, A.stift_i^+) \vee \pi(T^+, A.stift_i^+)$
$A.stück$	$\{S.platte_1\}$	$\pi(S.platte_1^+, A.stück^+)$
$Pendel$	$\{S.platte_1\}$	$\pi(S.platte_1^+, Pendel^+)$
$S.platte_1$	$\{T\}$	$\pi(T^+, S.platte_1^+)$
$S.platte_2$	$\{A.stift_1, A.stück\}$ oder	$(\pi(A.stift_1^+, S.platte_2^+) \wedge \pi(A.stück^+, S.platte_2^+))$ $\vee$
	$\{A.stift_2, A.stück\}$ oder	$(\pi(A.stift_2^+, S.platte_2^+) \wedge \pi(A.stück^+, S.platte_2^+))$ $\vee$
	$\{A.stift_1, A.stift_4\}$ oder	$(\pi(A.stift_1^+, S.platte_2^+) \wedge \pi(A.stift_4^+, S.platte_2^+))$ $\vee$
	$\{A.stift_2, A.stift_3\}$ oder	$(\pi(A.stift_2^+, S.platte_2^+) \wedge \pi(A.stift_3^+, S.platte_2^+))$ $\vee$
	$\{Achse, A.stift_3\}$ oder	$(\pi(Achse^+, S.platte_2^+) \wedge \pi(A.stift_3^+, S.platte_2^+))$ $\vee$
	$\{Achse, A.stift_4\}$ oder	$(\pi(Achse^+, S.platte_2^+) \wedge \pi(A.stift_4^+, S.platte_2^+))$ $\vee$
	$\{Pendel, A.stift_3\}$ oder	$(\pi(Pendel^+, S.platte_2^+) \wedge \pi(A.stift_3^+, S.platte_2^+))$ $\vee$
	$\{Pendel, A.stift_4\}$ oder	$(\pi(Pendel^+, S.platte_2^+) \wedge \pi(A.stift_4^+, S.platte_2^+))$ $\vee$
	$\{Achse, A.stück\}$ oder	$(\pi(Achse^+, S.platte_2^+) \wedge \pi(A.stück^+, S.platte_2^+))$ $\vee$
	$\{Pendel, A.stück\}$	$(\pi(Pendel^+, S.platte_2^+) \wedge \pi(A.stück^+, S.platte_2^+))$
$V.stift_i$	$\{S.platte_1\}$	$\pi(S.platte_1^+, V.stift_i^+)$
$V.stift_{i+4}$	$\{S.platte_2\}$	$\pi(S.platte_2^+, V.stift_{i+4}^+)$

Tab. A.2: Abhängigkeitstabelle zum Cranfield Montagesatz (liegend)

Abb. A.4 zeigt schematisch den Montagesatz in dieser Lage. Zerlegt man die wirkende Schwerkraft F, wie gezeigt, in die beiden senkrecht zueinander stehenden Komponenten F_l und F_s, so zeigt sich, daß man die dargestellte Lage als Kombination der beiden vorher betrachteten Lagen auffassen kann[17]. Im allgemeinen Fall gelten die Vorrangrestriktionsmengen aus beiden vorher betrachteten Lagen.

---

[17]stehend und liegend

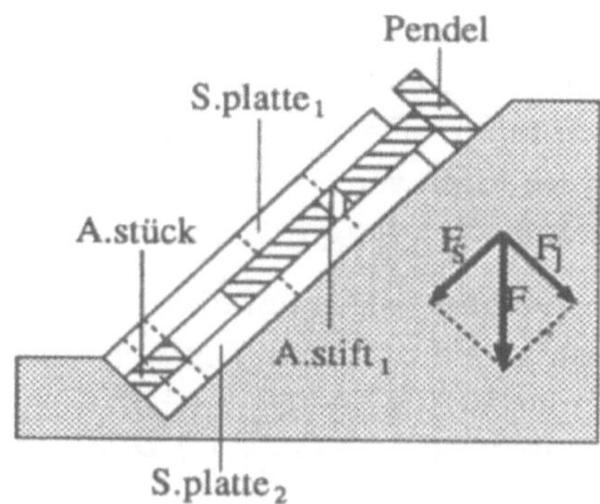

Abb. A.4: Zu Bsp. 14: Der Cranfield Montagesatz (Zielanordnung) in schräger Lage

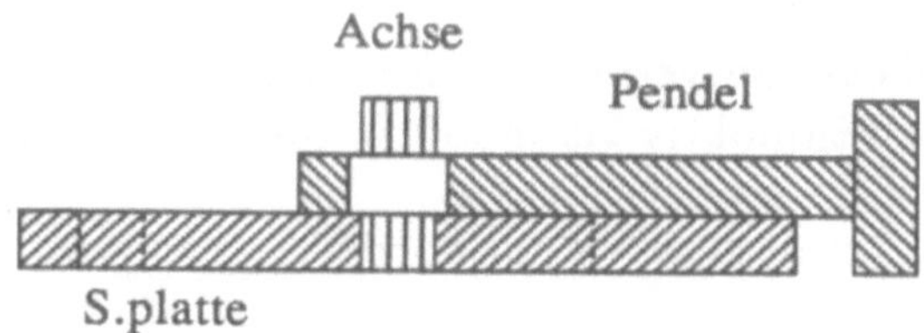

Abb. A.5: Zu Bsp. 14: Seitenplatte, Achse und Pendel (schematisch)

A.4 Die Vermeidung von Seiteneffekten

Untersucht man den Cranfield Montagesatz in waagrechter Lage anhand der Robustheitsforderung, so zeigt es sich, daß bei bestimmten Montagefolgen Seiteneffekte auftreten können. Es sollen dazu zwei Beispiele gezeigt werden, wobei bei der Betrachtung der Seiteneffekte die Benchmarkteile weggelassen werden, die keinen Einfluß auf den Seiteneffekt haben. Dadurch werden die gewonnenen Mengen von Vorrangrestriktionen kleiner und somit übersichtlicher. Dies ist aufgrund der am Ende von Abschnitt 2.1.3 gemachten Überlegungen möglich.

Als erstes Beispiel sollen verschiedene Anordnungen mit den Teilen *S.Platte₁*, *Achse* und *Pendel* untersucht werden. Die montierten Teile sind schematisch in Abb. A.5 dargestellt. Die Anordnung $[M'] = [Pendel]$ ist nicht robust bezüglich der Achsenmontage, da das Pendel beim Fügen der Achse seitlich verrutschen könnte. Durch die Regel 2.5 ergibt sich die Vorrangrestriktion $\pi(Achse^+, Pendel^+)$. Der genannte Seiteneffekt läßt sich auch dann nicht vermeiden, wenn man weitere Benchmarkteile hinzunimmt. Daher gibt es für die angegebene Vorrangrestriktion keine Alternative.

Die Anordnung $[M'] = [Achse]$ ist ebenfalls nicht robust bezüglich der Pendelmontage, jedoch ist jede Anordnung, in der die Achse enthalten ist, dann robust, wenn sie außerdem $S.Platte_1$ enthält. Man muß also für M'' in Regel 2.5 mindestens die Bauteilmenge $\{S.Platte_1\}$ wählen. Dadurch ergeben sich die alternativen Vorrangrestriktionen

$$\pi(Pendel^+, Achse^+) \vee \pi(S.Platte_1^+, Pendel^+)$$

Ferner ist die Anordnung $[M'] = [Achse]$ nicht robust bezüglich der Montage von $\{S.Platte_1\}$. Sie wird es auch nicht durch Hinzunahme weiterer Benchmarkteile. Daraus folgt die Vorrangrestriktion $\pi(S.Platte_1^+, Achse^+)$.

Da alle drei Seiteneffekte zu vermeiden sind, müssen die drei Mengen von Vorrangrestriktionen konjunktiv verknüpft werden. Es gilt also:

$$\pi(Achse^+, Pendel^+)$$
$$\wedge$$
$$(\pi(Pendel^+, Achse^+) \vee \pi(S.Platte_1^+, Pendel^+))$$
$$\wedge$$
$$\pi(S.Platte_1^+, Achse^+)$$

Berücksichtigt man, daß spiegelbildliche Vorrangrestriktionen nicht gleichzeitig gelten und transitive Vorrangrestriktionen weggelassen werden können, reduziert sich der Ausdruck zu

$$\pi(S.Platte_1^+, Achse^+) \wedge \pi(Achse^+, Pendel^+)$$

Die Seiteneffektsregel führt beim Cranfield Montagesatz bei der waagrechten Montage noch zu weiteren Vorrangrestriktionen. Als zweites Beispiel sollen verschiedene Anordnungen aus den Bauteilen $S.platte_1$, $A.stück$, $A.stift_3$ und $A.stift_4$ untersucht werden. Die montierten Teile sind schematisch in Abb. A.6 dargestellt. In Tab. A.3 sind Instantiierungen der Größen M',

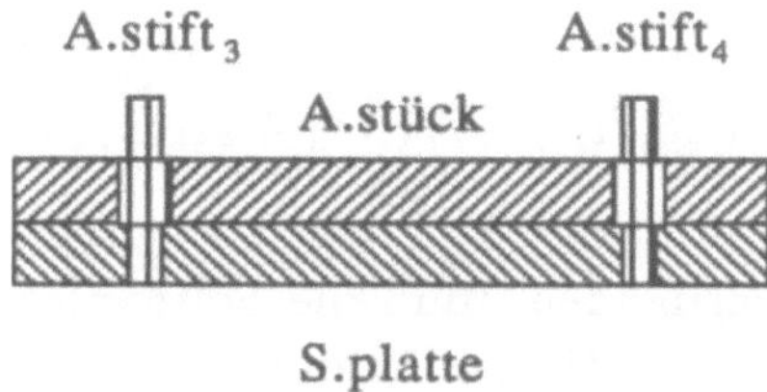

Abb. A.6: Zu Bsp. 14: Seitenplatte, Abstandsstück und Abstandsstifte (schematisch)

M'' und A entsprechend der Regel 2.5 gezeigt. Wenn die Bauteilmenge M' bereits montiert und die Bauteilmenge M' noch nicht montiert ist, führt die Montage von Bauteil A zu den in Spalte 4 aufgeführten Vorrangrestriktionen.

A	$[M']$	$[M'']$	Vorrangrestriktionen
$S.platte_1$	$A.stift_3$	$\emptyset$	$\pi(S.platte_1^+, A.stift_3^+)$
$S.platte_1$	$A.stift_4$	$\emptyset$	$\pi(S.platte_1^+, A.stift_4^+)$
$A.stück$	$A.stift_3,$ $S.platte_1$	$A.stift_4$	$\pi(A.stück^+, S.platte_1^+)$ $\vee$ $\pi(A.stück^+, A.stift_3^+)$ $\vee$ $\pi(A.stift_4^+, A.stück^+)$
$A.stück$	$A.stift_4,$ $S.platte_1$	$A.stift_3$	$\pi(A.stück^+, S.platte_1^+)$ $\vee$ $\pi(A.stück^+, A.stift_4^+)$ $\vee$ $\pi(A.stift_3^+, A.stück^+)$
$A.stift_3$	$A.stück$	$\emptyset$	$\pi(A.stift_3^+, A.stück^+)$
$A.stift_4$	$A.stück$	$\emptyset$	$\pi(A.stift_4^+, A.stück^+)$

Tab. A.3: Vorrangrestriktionen zur Vermeidung von Seiteneffekten

Um alle Seiteneffekte zu vermeiden, die sich bezüglich der betrachteten Montageanordnungen und Montageoperationen ergeben können, müssen die entstandenen Mengen von Vorrangrestriktionen konjunktiv verknüpft werden. Dies ergibt den Ausdruck

$$\bigwedge_{i=3,4} \pi(S.platte_1^+, A.stift_i^+) \wedge \bigwedge_{j=3,4} \pi(A.stift_j^+, A.stück^+)$$

D.h. um Seiteneffekte zu vermeiden, muß die Seitenplatte vor den beiden Stiften montiert werden und die Stifte müssen vor dem Abstandsstück montiert werden.

A.5 Zusammenfassung von Vorrangrestriktionsmengen

Vereinigt man die Vorrangrestriktionsmengen, die sich bezüglich der Montage des Cranfield Montagesatzes ergeben, wenn er in seitlicher Lage montiert wird[18], so zeigt es sich, daß nur ein einziger nicht-zyklischer P&P-Graph (s. Abb. A.7) existiert[19] Dieser muß allerdings aus einer sehr großen Menge ausgewählt werden. Die Zahl der möglichen Lösungsgraphen ergibt sich nämlich aus dem Produkt der Anzahl der Alternativen, die in den verschiedenen Sätzen vorkommen.

A.6 Die Verkettung von Pick- und Place-Graphen

A.6.1 Strategie: Möglichst wenige Überkreuzungen

Besteht eine Montageanordnung aus lauter unterschiedlichen Teilen, so gibt es für die Verkettung von Pick-Graphen und Place-Graphen nur eine einzige Möglichkeit. Existieren hingegen mehrere Teile desselben Typs, so gibt es für die Verkettung i.a. mehrere Alternativen. Die Verkettung sollte nun so getroffen werden, daß möglichst wenige Überkreuzungen vorkommen, wie sie in Abb. 2.11 gezeigt sind.

---

[18]d.h. mit einer Seitenplatte als Basisteil

[19]Die Knoten stellen Montageoperationen dar, enthalten aber jeweils nur die Namen der Bauteile, die zu montieren sind.

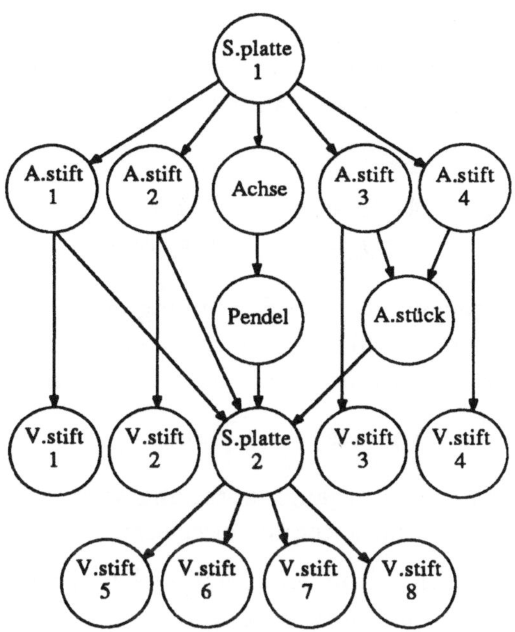

Abb. A.7: Zu Bsp. 14: Der P&P-Graph für den Cranfield Montagesatz

Dies soll nun an einer Montageaufgabe mit Teilen des Cranfield Montage-satzes gezeigt werden. Der Montagesatz sei auf der Grundplatte bereits montiert, jedoch ohne Verriegelungsstifte. Neben der Grundplatte stehe eine zweite. Die Aufgabe bestehe nun darin, den Montagesatz, der sich auf der ersten Grundplatte befindet, zu demontieren und ihn auf der zweiten Grundplatte wieder zusammenzubauen. Man kann dabei voraussetzen, daß Montage- und Demontageort soweit voneinander entfernt sind, daß keine Wechselwirkung zwischen Teilen der Ausgangsanordnung und Teilen der Zielanordnung zu erwarten ist. Es muß also beispielsweise nicht mehr geprüft werden, ob sich Teile der Ausgangsanordnung und Teile der Zielan-ordnung berühren. Da das Plazieren der Verriegelungsstifte nicht umkehr-bar ist[20], wurde bei diesem Beispiel auf die Verriegelungsstifte verzichtet. Es soll ferner davon ausgegangen werden, daß der Graph für die Demontage dem Graphen für die Montage entspricht, wobei die Kanten in die entge-gengesetzte Richtung zeigen. Dabei werden die in Abb. A.2 festgelegten Bezeichnungen verwendet.

Die Verkettung wird nun wie folgt festgelegt:

---

[20]die Verriegelungsstifte liegen an ihren Zielpositionen in einer Versenkung

Da die Teile vom Typ "Pendel", "A.stück" und "Achse" jeweils nur einzeln in der Montageaufgabe vorhanden sind, kann für sie sofort eine eindeutige Zuordnung vorgenommen werden, nämlich

$$Pendel^- \rightarrow Pendel^+$$
$$A.stück^- \rightarrow A.stück^+$$
$$Achse^- \rightarrow Achse^+$$

Eine mögliche Überkreuzung bei der Zuordnung der Seitenplatten kann dadurch vermieden werden, daß die obere Seitenplatte der Ausgangsanordnung als Basisteil für die Zielanordnung verwendet wird, also

$$S.platte_2^- \rightarrow S.platte_1^+$$

Die obere Seitenplatte der Ausgangsanordnung wird dementsprechend als untere Seitenplatte der Zielanordnung verwendet.

Auch bezüglich der A.stifte können unnötige Überkreuzungen vermieden werden, wenn man folgende Zuordnung trifft:

$$A.stift_{1,2}^- \rightarrow A.stift_{3,4}^+$$

und

$$A.stift_{3,4}^- \rightarrow A.stift_{1,2}^+$$

Es existieren dafür also vier Alternativen. Im Falle einer anderen Zuordnung würde folgende Überkreuzung entstehen[21]:

$$A.stück^- \rightarrow A.stück^+$$
$$\downarrow \qquad \qquad \uparrow$$
$$A.stift_i^- \rightarrow A.stift_i^+$$

Dies zwingt zur Verzahnung[22] der Operationen $\overrightarrow{A.stück}$ und $\overrightarrow{A.stift_i}$.

Es gibt jedoch eine Überkreuzung, die nicht vermieden werden kann, nämlich

$$Pendel^- \rightarrow Pendel^+$$
$$\downarrow \qquad \qquad \uparrow$$
$$Achse^- \rightarrow Achse^+$$

---

[21]$i \in \{3,4\}$

[22]Genauer gesagt dazu, daß die Operation $\overrightarrow{A.stück}$ vor der Operation $\overrightarrow{A.stift_i}$ beginnen muß und erst nach ihr aufhören darf.

Daraus folgt, daß die Operationen $\overrightarrow{Pendel}$ und $\overrightarrow{Achse}$ auf jeden Fall verzahnt werden müssen, entweder durch Verteilung auf zwei Roboter oder durch Hinzunahme der Operationen "Pendel auf Zwischenablage ablegen" und "Pendel von Zwischenablage holen". Für die Verkettung mit der minimalen Anzahl von Überkreuzungen gibt es insgesamt vier Alternativen, da es für die Abstandsstifte vier verschiedene Zuordnungen gibt. Der verkettete Graph[23], der die minimale Anzahl von Überkreuzungen enthält, ist in Abb. A.8 gezeigt.

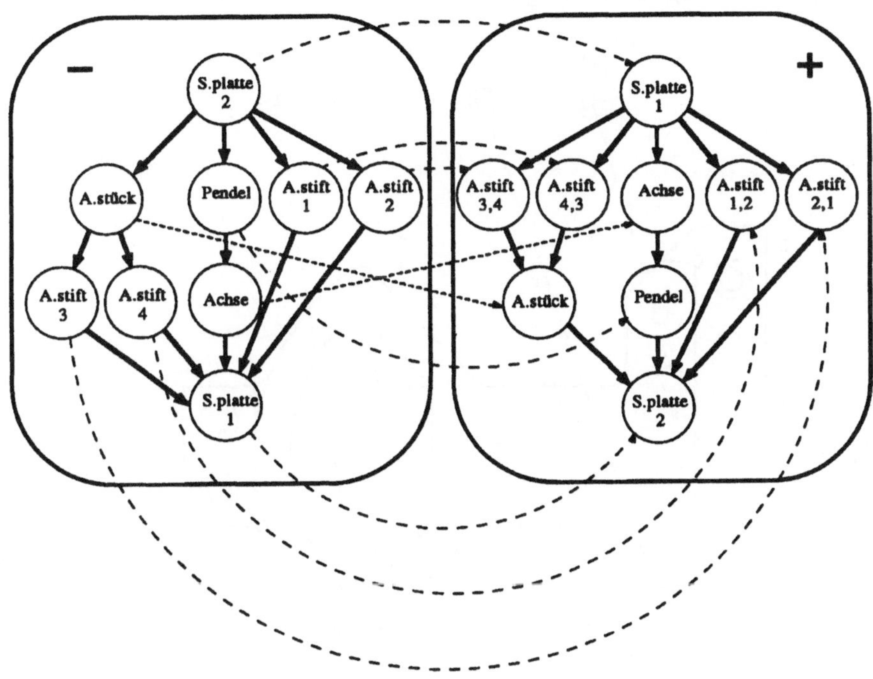

Abb. A.8: Zuordnung eines Pick-Graphen zu einem Place-Graphen

A.6.2 Strategie: Optimale Bewegungsbahnen

Falls es mehrere überkreuzungsfreie Verkettungen gibt, kann durch den Einsatz weiterer Informationen erreicht werden, daß eine optimale Verkettung gefunden wird.

---

[23]Dabei ist der Pick-Graph mit einem "-"-Symbol, der Place-Graph mit einem "+"-Symbol gekennzeichnet.

Für die Montage der vier Abstandsstifte existieren weder zwischen den einzelnen Pick-Operationen noch zwischen den Place-Operationen Vorrang-restriktionen. Dies bedeutet, daß sämtliche 4! Verkettungen möglich sind, da keine der Verkettungen aufgrund einer Überkreuzung ausgeschlossen wird. Durch die Verkettung wird festgelegt, welcher Stift an welcher Position in der Montageanordnung montiert werden soll. Dies beeinflußt die Bewegungen, die vom Roboter durchgeführt werden müssen. Es ist daher sinnvoll, die Verkettung so festzulegen, daß die daraus resultierenden Armbewegungen insgesamt möglichst "einfach" sind. Abb. A.9 zeigt ein

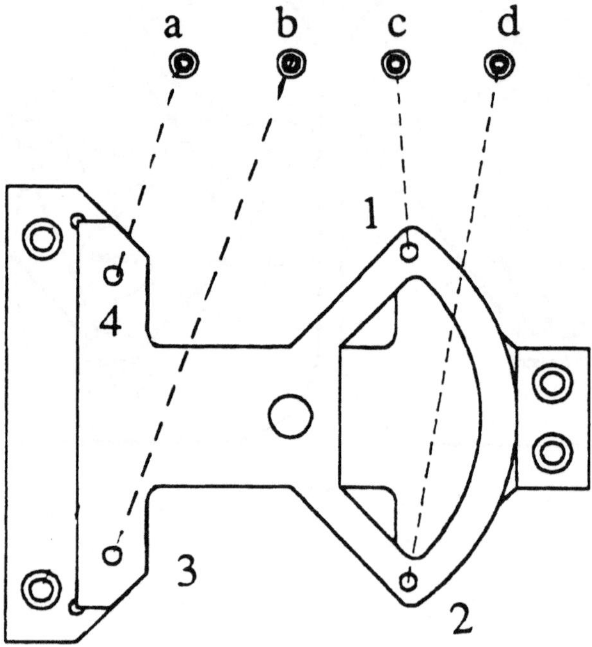

Abb. A.9: Zu Bsp. 14: Vier Abstandsstifte sind auf eine Seitenplatte zu montieren.

mögliches Stadium der Benchmarkmontage. Die untere Seitenplatte befindet sich bereits auf der Montagehalterung. Im oberen Teil des Bildes sind die vier Abstandsstifte an den Ausgangspositionen a,b,c und d eingezeichnet Diese sollen jeweils an eine der Positionen 1,2,3 oder 4 gebracht werden. Die Zuordnung[24] soll so getroffen werden, daß die Summe der Entfernungen

---

[24]Dadurch wird indirekt die Verkettung festgelegt.

der vier Stifte möglichst klein sein soll. Dabei wird der Weg durch die euklidsche Distanz[25] angenähert. Die Abstände zwischen den vier Ausgangs- und den vier Zielpositionen ist aus Tab. A.4 zu entnehmen.

		Ausgangspositionen			
		a	b	c	d
Ziel-positionen	1	83.10	62.37	53.15	59.03
	2	160.33	147.39	147.05	149.28
	3	141.42	148.66	161.28	178.04
	4	63.25	78.10	100.00	125.30

Tab. A.4: Distanzen zwischen Ausgangs- und Zielpositionen

Es zeigt sich, daß für die Verkettung $a, b, c, d \rightarrow 4, 3, 1, 2$ die Summe der Entfernungen minimal ist, gefolgt von $a, b, c, d \rightarrow 4, 3, 1, 2$, usw. Jede Verkettung kann durch eine Menge von Vorrangrestriktionen ausgedrückt werden. Ordnet man die Menge dieser Mengen von Vorrangrestriktionen anhand des verwendeten Kriteriums, so erhält man den Satz beginnend mit den Elementen[26]:

$$\{ \quad \pi(A.stift_a^-, A.stift_4^+), \pi(A.stift_b^-, A.stift_3^+),$$
$$\pi(A.stift_c^-, A.stift_1^+), \pi(A.stift_d^-, A.stift_2^+) \quad \},$$
$$\{ \quad \pi(A.stift_a^-, A.stift_4^+), \pi(A.stift_b^-, A.stift_3^+),$$
$$\pi(A.stift_c^-, A.stift_2^+), \pi(A.stift_d^-, A.stift_1^+) \quad \},$$
$$\vdots$$

Bei der Generierung des Vorranggraphen übernimmt das Synthesemodul die Vorrangrestriktionsmengen in der Reihenfolge, wie sie im Satz auftreten, sofern dies nicht zu einer ungünstigen Struktur des Vorranggraphen führt. Auf diese Weise können weitere Optimierungskriterien in den Suchprozeß miteinfließen.

Zum Abschluß sollen auf den folgenden Seiten die verschiedenen Benchmarkteile gezeigt werden, wie sie mit einem Graphiksystem modelliert wurden:

---

[25]Das hier verwendete Distanzmaß kann zu suboptimalen Verkettungen führen, da der Abstand zwischen Bewegungsanfangs- und endpunkt i.a. nicht proportional zum Bewegungsaufwand ist. Der genaue Aufwand läßt sich aber frühestens dann exakt bestimmen, wenn Robotertyp, -standort und Bewegungsparameter festgelegt sind.

[26]Es sind $4! = 24$ Mengen mit je vier Vorrangrestriktionen

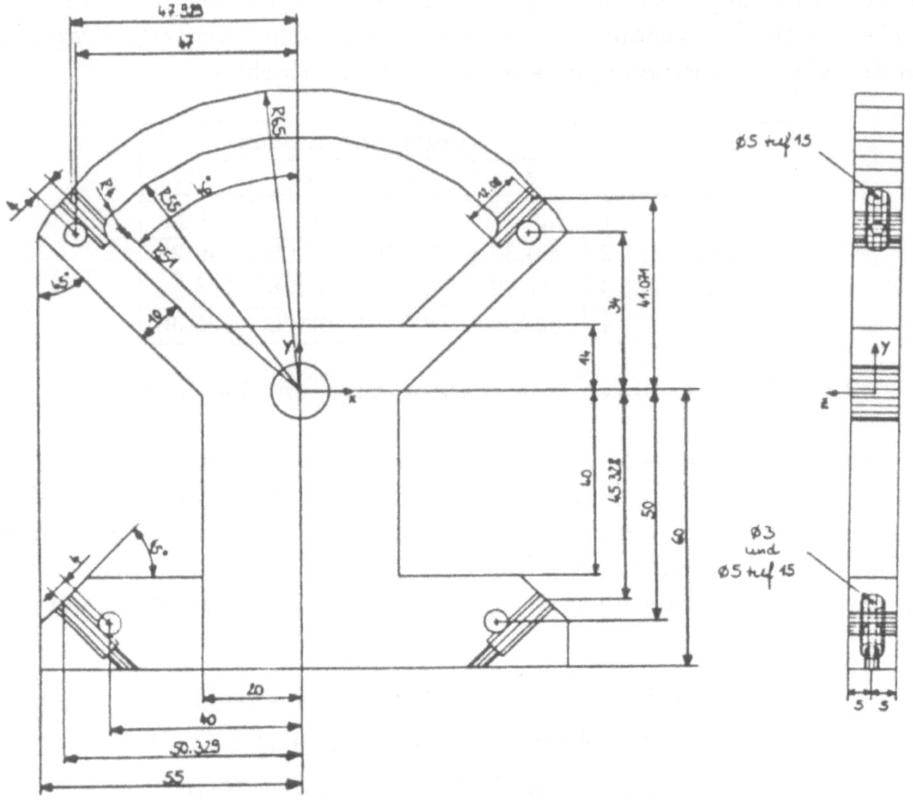

Abb. A.10: Zu Bsp. 14: Die Seitenplatte

Abb. A.11: Zu Bsp. 14: Die Achse

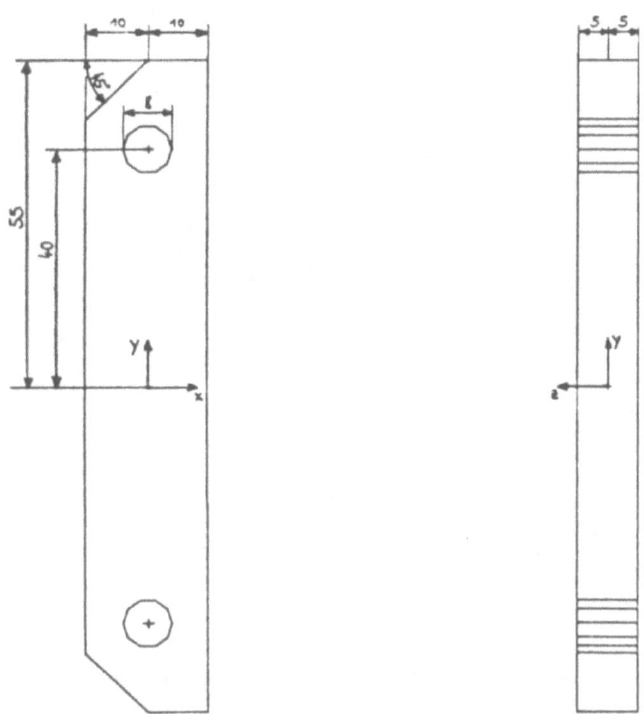

Abb. A.12: Zu Bsp. 14: Das Abstandsstück

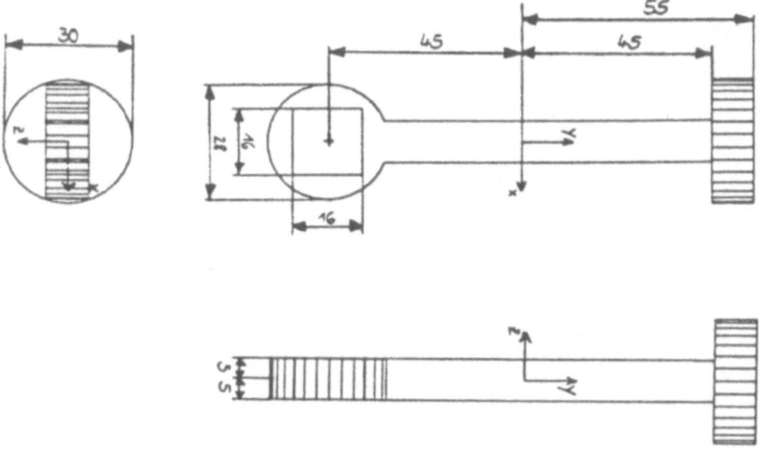

Abb. A.13: Zu Bsp. 14: Das Pendel

115

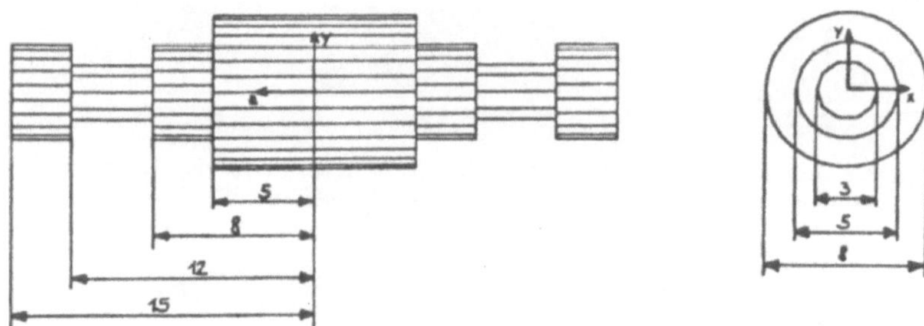

Abb. A.14: Zu Bsp. 14: Der Abstandsstift

Abb. A.15: Zu Bsp. 14: Der Verriegelungsstift

Anhang B

Die Transformation von Vorranggraphen zu Petri-Netzen

In diesem Abschnitt soll gezeigt werden, wie mittels einer geeigneten Zuordnungsvorschrift ein Vorranggraph in ein äquivalentes Netz umgewandelt werden kann. Diese Arbeit beschränkt sich auf eine spezielle Art von Petri-Netzen, die sogenannten Bedingung/Ereignis-Netze, auch *B/E-Netze* genannt. Die Knoten der B/E-Netze bestehen aus Bedingungen, die graphisch als Kreis dargestellt werden, und aus Ereignissen, die als Rechteck gezeichnet werden. Die Kanten der B/E-Netze verbinden jeweils nur Knoten verschiedenen Typs, also Bedingungen mit Ereignissen oder umgekehrt. Bedingungen können entweder erfüllt sein oder nicht. Das Gelten einer Bedingung wird durch die Markierung mit einem Punkt (•) ausgedrückt. Ereignisse können dann eintreten, wenn alle Bedingungen, die direkte Vorgänger des Ereignisses sind, wahr sind. Die Markierung der Vorbedingungen wird dann entfernt, stattdessen werden alle Nachbedingungen als wahr gekennzeichnet. Bei B/E-Netzen sind dabei grundsätzlich nur Einfachmarkierungen erlaubt. Bei den nun folgenden Erläuterungen ist es unumgänglich, einige wesentliche Begriffe aus der Theorie der Petri-Netze zu verwenden. Sie werden im Folgenden als bekannt vorausgesetzt[1].

Die informelle Abbildungsvorschrift, die jedem Element eines verketteten Vorranggraphen eine Menge von Netzelementen zuordnet, lautet wie folgt:

- Dem Knoten eines Vorranggraphen, der eine Operation ausdrückt, wird ein *Elementarnetz* zugewiesen, bestehend aus einem Ereignis,

---

[1]Eine ausführliche Beschreibung findet sich in [41].

dessen Vor- und Nachbedingung sowie der dazu nötigen Verbindungs-
pfeile.

- Die Kante eines Vorranggraphen, die grundsätzlich zwei Knoten verbindet, wird auf eine Bedingung samt eines eintreffenden und eines
  abgehenden Pfeils abgebildet. Dieses Element verbindet demnach zwei
  Elementarnetze, wobei vereinbart werden soll, daß die beiden Pfeile
  jeweils mit den Ereignissen der Elementarnetze verbunden werden und
  in dieselbe Richtung wie die korrespondierende Kante des Vorranggraphen zeigen sollen. Es soll deshalb als *Verbindungselement* bezeichnet
  werden.

Die Vor- bzw. Nachbedingung eines Ereignisses[2] wird abhängig von der Art
des Ereignisses festgelegt. Handelt es sich um eine Pick-Operation X^-, so
wird die Vorbedingung als X_a gewertet, was aussagt, daß sich das Objekt
X an seiner Ausgangsposition befindet. Die Nachbedingung ist $\overline{X_a}$, was die
Negation der Vorbedingung darstellt. Dadurch wird ausgesagt, daß sich das
Objekt X nach der Operation nicht mehr an seiner ursprünglichen Position
befindet. Es wird also vorausgesetzt, daß eine Operation tatsächlich eine
Ortsänderung eines Montageteils bewirkt, also $X_a \neq X_z\ \forall X \in \Omega$.

Im Falle einer Place-Operation X^+ besteht die Nachbedingung aus X_z, d.h.,
das Objekt X befindet sich nach Ausführung der Operation X^+ an seiner
Zielposition. Vor der Operation befindet es sich noch nicht dort, daher stellt
die Negation der Nachbedingung die Vorbedingung von X^+ dar.

Bei der Interpretation der Bedingung, die im Verbindungselement enthalten
ist, sind folgende Fälle zu unterscheiden:

1. Verbindet ein Verbindungselement zwei Elementarnetze E_X und E_Y,
   die aus zwei Knoten X^- und Y^- des Pick-Graphen entstanden sind[3],
   so wird die Bedingung, die im Verbindungselement enthalten ist, als
   Negation der Vorbedingung von E_X gewertet. Dadurch wird angezeigt, daß das Objekt X aufgrund der durchgeführten Operation eine
   Zustandsänderung erfahren hat. Es soll hier der Einfachheit halber
   davon ausgegangen werden, daß sich der Ort von X geändert hat
   und zwar so, daß X aus der Ausgangsanordnung der Einzelteile entfernt wurde und sich nun irgendwo außerhalb befindet. Dies ist auf-

---

[2]einer Montageoperation)
[3]s. Abb. B.1

grund der Vorrangrestriktion $\pi(X^-, Y^-)$ eine notwendige Voraussetzung dafür, daß das Objekt Y entfernt werden kann.

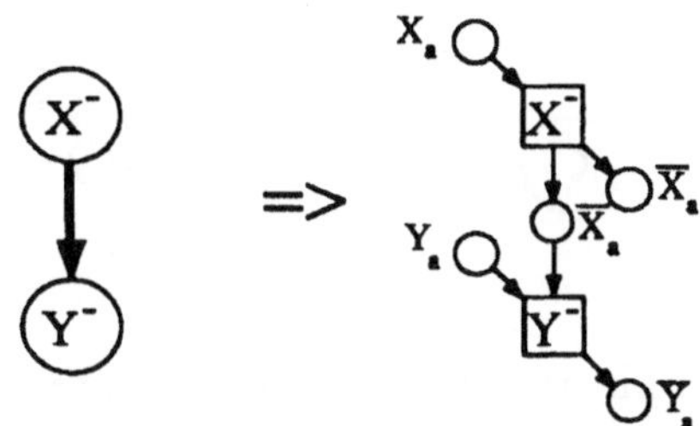

Abb. B.1: Ein Graph und das daraus erzeugte B/E-Netz (Fall 1)

2. Wenn die beiden Elementarnetze aus Place-Knoten X^+ und Y^+ entstanden sind, gilt ebenfalls, daß die im Verbindungselement enthaltene Bedingung mit der Negation der Vorbedingung gleichgesetzt wird[4].

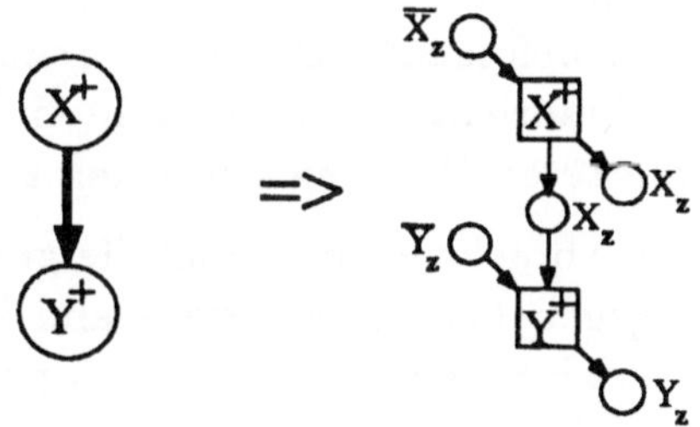

Abb. B.2: Ein Graph und das daraus erzeugte B/E-Netz (Fall 2)

3. Verbindet ein Verbindungselement zwei Elementarnetze, die aus einem Pick-Knoten X^- und dem dazu gehörenden Place-Knoten X^+ entstanden sind, so soll die Bedingung, die im Verbindungselement enthalten ist, ausdrücken, daß die zur Ausführung der Place-Operation

---

[4]s. Abb. B.2

notwendige Pick-Operation bereits durchgeführt ist. Diese Bedingung
soll als $G(X)$ bezeichnet werden[5].

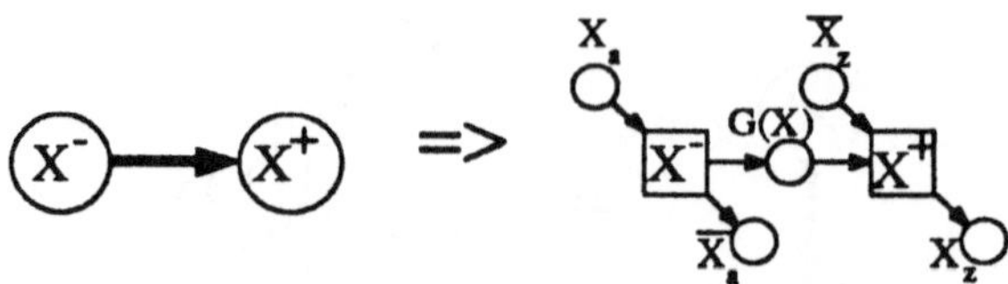

Abb. B.3: Ein Graph und das daraus erzeugte B/E-Netz (Fall 3)

Die Abbildung eines Graphen auf ein B/E-Netz ist erst dann vollständig
festgelegt, wenn neben der Erzeugung der Struktur auch eine eindeutige
Anfangsmarkierung mitgeliefert wird. Es wird festgelegt, daß genau die
Bedingungen, auf die kein Pfeil weist, markiert werden sollen.

Die oben genannte Abbildungsvorschrift soll nun an einem Beispiel gezeigt
werden. Bei der in Abb. 2.9 gezeigten Aufgabe entstand der in Abb. 2.10
dargestellte verkettete Graph. Die Anwendung der genannten Abbildungsvorschrift erzeugt daraus das in Abb. B.4 gezeigte B/E-Netz. Die getroffene
Anfangsmarkierung stellt die Situation dar, daß sich die Teile A, B und C
an ihrer Ausgangsposition befinden[6]. Demnach befinden sie sich nicht in
ihrer Zielposition[7]. Dies entspricht dem gewünschten Ausgangszustand, die
vor Ausführung des verketteten Graphen herrschen soll.

Es soll nun der Nachweis erbracht werden, daß die gewonnenen B/E-Netze
den Übergang von dem gegebenen Ausgangszustand in einen gewünschten
Zielzustand darstellen. Dazu ist es notwendig, bestimmte Eigenschaften des
Netzes genauer zu untersuchen.

Durch die Art der gewählten Abbildungsvorschrift und wegen der Eigenschaften der Urbildgraphen besitzen die resultierenden Netze folgende Eigenschaften:

- Da ein Graph zumindest aus einem Knoten besteht, ist das resultierende B/E-Netz nichtleer.

---

[5] s. Abb. B.3
[6] Es gilt A_a, B_a und C_a!
[7] $\overline{A_z}$, $\overline{B_z}$ und $\overline{C_z}$ ist wahr!

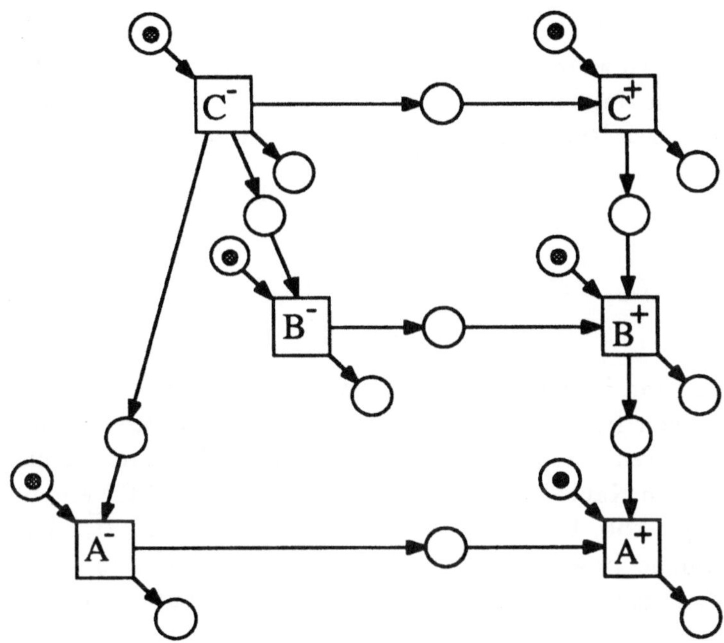

Abb. B.4: Ein B/E-Netz

- Da die Graphen aus einer endlichen Menge von Knoten bestehen und durch die Abbildung eine endliche Zahl von Netzelementen zugeordnet wird, sind die entstehenden Netze beschränkt.

- Da die verketteten Graphen keine Zyklen besitzen, sind auch die entstehenden Netze kreisfrei.

- Durch die Art der Bildelemente[8] ist gewährleistet, daß die B-Elemente unverzweigt sind, d.h., zu jeder Bedingung führt maximal ein Pfeil hin und maximal ein Pfeil weg.

- Da im Graphen keine Mehrfachkanten erlaubt sind, können die Bedingungen im resultierenden Netz weder denselben Vorbereich noch denselben Nachbereich haben. Unter Vorbereich einer Bedingung b ist die Menge aller Ereignisse zu verstehen, die das Eintreten von b bewirken. Der Nachbereich einer Bedingung b ist die Menge aller Ereignisse, die b als Vorbedingung besitzen.

---

[8]Elementarnetz und Verbindungselement

121

Man bezeichnet Netze, welche diese Bedingungen erfüllen, als Kausalnetze.

Bei Kausalnetzen kann eine Linie interpretiert werden als Kausalkette, also einer Folge von Netzelementen, die in einem Ursache-Wirkung-Zusammenhang stehen. Das Netz in Abb. B.4 enthält u.a. die Kausalketten

$$A_a \to A^- \to G(A) \to A^+ \to A_z$$

oder

$$C_a \to C^- \to \overline{C_a} \to B^- \to G(B) \to B^+ \to B_z$$

usw.

Ein Schnitt kann indessen interpretiert werden als Momentaufnahme, also eine Menge von Bedingungen und Ereignissen, die gleichzeitig wahr bzw. aktiv sein können. Daraus folgt unmittelbar, daß Elemente eines Schnitts nicht zur selben Kausalkette gehören können. Beispiel für einen Schnitt im B/E-Netz aus Abb. B.4 wäre die Menge $\{\overline{C_a}, C_z, B_a, X, \overline{B_z}, A_a, \overline{A_z}\}$, wobei X hier für eine Bewegung des Roboterarms in Richtung des Objekts B stehen soll. Dies entspricht der folgenden Momentaufnahme:

- Teil C befindet sich bereits an seiner Zielposition

- Teil B befindet sich noch an seiner Ausgangsposition.

- Der Roboterarm bewegt sich gerade auf das Objekt B zu.

- Teil A befindet sich noch an seiner Ausgangsposition.

Eine besondere Art von Schnitten stellen sogenannte Scheiben dar, die nur Bedingungen und keine Ereignisse enthalten. Beispielsweise stellt die Menge der Bedingungen, die im Ausgangszustand gelten, eine Scheibe dar, also

$$S_{Start} \;=\; \{A_a, \overline{A_z}, B_a, \overline{B_z}, C_a, \overline{C_z}\}$$

und ebenfalls die Menge der Bedingungen, die im Zielzustand gelten:

$$S_{Ziel} \;=\; \{A_z, \overline{A_a}, B_z, \overline{B_a}, C_z, \overline{C_a}\}$$

Nichtleere, beschränkte Kausalnetze besitzen u.a. die Eigenschaft, daß sie K-dicht sind, d.h., jede Kausalkette des Netzes bildet mit jedem Schnitt einen nichtleeren Durchschnitt. Man kann zeigen, daß jede Kausalkette mit jedem Schnitt sogar genau einen Netzknoten[9] gemeinsam hat.

---

[9]eine Bedingung oder ein Ereignis

Da S_{Start} die Menge aller Bedingungen ist, auf die kein Pfeil weist, aufgrund der K-Dichte aber jede Kausalkette mit S_{Start} eine Bedingung gemeinsam haben muß, folgt daraus, daß alle Kausalketten in S_{Start} beginnen. In analoger Weise kann geschlossen werden, daß alle Kausalketten in der Scheibe S_{Ziel} enden müssen. Da bei Kausalnetzen jedes Bedingungselement zu einer Kausalkette gehören muß, folgt, daß von jeder Bedingung von S_{Start} eine Kausalkette zu einer Bedingung von S_{Ziel} führen muß.

Die Menge aller Fälle, d.h. aller möglichen Netzmarkierungen, die aus der Anfangsmarkierung entstehen können, umfaßt somit alle Scheiben des Netzes, insbesondere auch die Scheibe S_{Ziel}. Die Menge aller Scheiben eines Netzes stellt somit eine Fallklasse C dar, da sie die folgenden Bedingungen erfüllt:

- Da ein möglicher Schritt immer zu einer Scheibe führt, führen keine Schritte aus C heraus.

- Da ein Fall immer aus einer markierten Scheibe besteht, lag vor jedem Fall c ebenfalls ein Fall aus C vor, sofern c durch einen Schritt entstand. D.h., auch durch Rückwärtsschließen werden nur Fälle aus C angetroffen.

- Es existiert ein erschließbarer Zusammenhang zwischen den Fällen, da zwischen zwei Scheiben soviele Kausalketten führen, wie Bedingungen in den Scheiben enthalten sind. Diese Zahl ist für alle Scheiben gleich und entspricht der Anzahl der im Netz enthaltenen Kausalketten.

- Zu jedem Ereignis e existiert ein Fall, in dem e eintreten kann, nämlich eine der Scheiben, welche die Vorbedingung von e enthalten. Außerdem gilt wegen der K-Dichte, daß jede Bedingung zu mindestens einer Scheibe und damit einem Fall aus C gehört, und es gilt ferner, daß jede Bedingung zu mindestens einem Fall aus C nicht gehört, da sie entweder nicht zu S_{Start} oder nicht zu S_{Ziel} gehört.

Das erzeugte B/E-Netz stellt, zusammen mit der genannten Fallklasse, ein sogenanntes B/E-System dar, auf dem eine Folge von Aktionen als Prozeß definiert werden kann. Dadurch ist gewährleistet, daß eine Schrittfolge vom Ausgangszustand in den Zielzustand führt.

Anhang C

Symbole und Schreibweisen

ω	bezeichnet eine allgemeine Operation.
Ω	bezeichnet eine Menge von Operationen.
$\pi(\omega_i, \omega_j)$	bezeichnet eine Vorrangrestriktion zwischen zwei Operationen ω_i und ω_j.
Π	bezeichnet eine Menge von Vorrangrestriktionen.
$\widetilde{M}^{\vee}$	bezeichnet einen Satz von Mengen von Vorrangrestriktionen. Diese Mengen sind disjunktiv zu betrachten.
$M^{\wedge}$	bezeichnet ein Element eines Satzes, also eine Menge von Vorrangrestriktionen. Die in dieser Menge enthaltenen Vorrangrestriktionen sind konjunktiv zu betrachten.
$G = (V, E)$	bezeichnet einen Graphen G, wobei V eine Menge von Knoten (engl. vertices) und E eine Menge gerichteter Kanten (engl. edges) darstellt.
$S(G)$	bezeichnet die Sequenzzahl eines Graphen G, d.h. die Menge aller Sequenzen, die aus G abgeleitet werden können.
$p_{\odot}(G)$	bezeichnet die Zykluswahrscheinlichkeit eines Graphen G, d.h. die Wahrscheinlichkeit, daß der Graph G nach Hinzunahme einer beliebigen weiteren Kante, die keine Schleife sein darf, einen Zyklus enthält.
X^{-}	bezeichnet die Aktion, durch die ein Teil X gegriffen und aus der Ausgangsanordnung entfernt wird.

X^+ ist die zu X^- symmetrische Aktion. Sie bezeichnet den Vorgang, bei dem das Teil X an eine bestimmte Position in der Zielanordnung gebracht wird.

$\vec{X}$ bezeichnet die Aktionsfolge, die notwendig ist, ein Teil X zu greifen und in eine vorgegebene Position zu bringen. Sie setzt sich also zusammen aus X^- und X^+, wobei die Vorrangrestriktion $\pi(X^-, X^+)$ gilt.

X_a besagt, daß sich das Teil X an seiner Ausgangsposition befindet. Demnach bedeutet $\overline{X_a}$, daß sich das Teil X nicht an seiner Ausgangsposition befindet.

X_z besagt, daß sich das Teil X an seiner Zielposition befindet. Demnach bedeutet $\overline{X_z}$, daß sich das Teil X nicht an seiner Zielposition befindet.

$[M]$ besagt, daß sich die in der Menge M enthaltenen Montageteile an ihren Zielpositionen befinden.

Anhang D

Liste der Abbildungen

Anhang E

Liste der Tabellen

Literaturverzeichnis

[1] AWF/REFA: Handbuch der Arbeitsvorbereitung, Teil I, Arbeitsplanung

[2] Beck C.L., Krogh B.H.: Models for Simulation and Discrete Control of Manufacturing Systems, Proceedings IEEE International Conference on Robotics and Automation, 1986

[3] Barr A., Feigenbaum E.A.: The Handbook of Artificial Intelligence, Heuristech Press, Stanford CA, 1974

[4] Buchholz R.: Entwurf und Implementierung eines Moduls zur Ableitung von Vorrangrestriktionen für Montageaufgaben aufgrund der Robustheitsforderung, Diplomarbeit, Universität Karlsruhe, Institut für Prozeßrechentechnik und Robotik, 1988

[5] Clesle W.: Interpretation räumlicher Beziehungen zwischen dreidimensionalen Objekten, Studienarbeit, Universität Karlsruhe, Institut für Prozeßrechentechnik und Robotik, 1987

[6] Collins K.,Palmer A.J., Rathmill K.: The Development of a European Benchmark for the Comparison of Assembly Robot Programming Systems, Proceedings of the 1st Robotics Europe Conference, Brussels, 27-28 June 1984, Springer-Verlag, Berlin, 1985

[7] De Fazio Th., Whitney D.E.: Simplified Generation of All Mechanical Assembly Sequences, IEEE Journal of Robotics and Automation, Vol. RA-3, NO.6, December 1987

[8] Dubois D., Stecke K.: Using Petri Nets to Represent Production Systems, Proceedings IEEE CDC Conference, 1983

[9] Fahlman S.E.: A Planning System for Robot Construction Tasks, Artificial Intelligence 5, 1974

[10] Felix Ch.: Entwurf und Implementierung eines Moduls zur Synthese von Montageplänen aus den Ergebnissen verschiedener Analyseprozesse, Diplomarbeit, Universität Karlsruhe, Institut für Prozeßrechentechnik und Robotik, 1988

[11] Forster M.:Automatische Bestimmung günstiger Standorte für einen Montageroboter und Ableitung montageabhängiger Vorrangrestriktionen Diplomarbeit, Universität Karlsruhe, Institut für Prozeßrechentechnik und Robotik, März 1989

[12] Fikes R.E., Nilsson N.J.: STRIPS: A New Approach to the Application of Theorem Proving to Problem Solving, Artificial Intelligence 2, 1979

[13] Freedman P., Malowany A.: The Analysis and Optimization of Repetition within Robot Workcell Sequencing Problems, International Conference on Robotics and Automation, 1988

[14] Frommherz B., Hornberger J.: Automatic Generation of Precedence Graphs, Proceedings of the 18th International Symposium on Industrial Robots, Lausanne, April 1988

[15] Frommherz B.: Robot Action Planning, Proceedings of the CIM-EUROPE Conference, Knutsford, England, May 1987, IFS (Publications) Ltd

[16] Frommherz B., Werling G.: Specifying Configurations of 3D-objects by a Graphical Definition of Spatial Relationships, Artificial Intelligence in Engenieering: Robotics and Processes, Computational Mechanics Publications, Southampton, 1988

[17] Harary F.: Graphentheorie, Oldenbourg München und Wien, 1974

[18] Haubelt J.: Ermittlung der optimalen Montagefolge für Industrieroboter, Diplomarbeit, Universität Karlsruhe, Institut für Prozeßrechentechnik und Robotik, 1987

[19] Hertzberg J.: Planerstellungsmethoden der Künstlichen Intelligenz, Informatik-Spektrum Bd. 9, 1986

[20] Hörmann A., Hugel Th., Meier W.: A concept for an intelligent and fault-tolerant robot system, Journal of Intelligent and Robotic Systems, Ausgabe 3, 1989

[21] Hornberger J.: Ein Verfahren zur automatischen Ableitung von Montage-Vorrangbeziehungen aus einem CAD-Modell, Diplomarbeit, Universität Karlsruhe, Institut für Prozeßrechentechnik und Robotik, 1987

[22] Kaufmann A.: Einführung in die Graphentheorie, Oldenbourg München und Wien, 1971

[23] Löhr H.-G.: Eine Planungsmethode für automatische Montagesysteme, Krausskopf, 1977

[24] Laage M.: Entwurf und Implementierung eines Moduls zum Testen der Stabilität von Montageanordnungen und zur Ableitung stabilitätsbedingter Vorrangbeziehungen, Diplomarbeit, Universität Karlsruhe, Institut für Prozeßrechentechnik und Robotik, 1988

[25] Laugier C., Pertin-Troccaz J.: A System for Automatic Programming of Manipulation Robots, 3. International Symposium on Robotics Research, Gouvieux, 1985

[26] Lieberman L.I., Wesley M.A.: AUTOPASS: An Automatic Programming System for Computer Controlled Mechanical Assembly, IBM Journal of Research and Development, Vol. 21, Nr. 4, 1977

[27] Lozano-Pérez T., Brooks R.A.: An Approach to Automatic Robot Programming, A.I. Memo No. 842, Massachusetts Institute of Technology, 1985

[28] Miese M.: Systematische Montageplanung in Unternehmen mit Einzel- und Kleinserienproduktion, Dissertation, RWTH Aachen, 1973

[29] Narahari Y., Viswanadham N.: A Petri Net Approach to the Modelling and Analysis of Flexible Manufacturing Systems, Annals of Operations Research, 1985

[30] Newell A., Simon H.A.: Report on a General Problem Solving Program, Proceedings of the International Conference on Information Processing (ICIP), Paris, 1959

[31] Nilsson N.J.: A Mobile Automation: An Application of Artificial Intelligence Techniques, International Joint Conference on Artificial Intelligence, 1969

[32] Nilsson N.J.: Principles of Artificial Intelligence, Springer-Verlag Berlin, 1982

[33] Noltemeier H.: Graphentheorie, de Gruyter, 1975

[34] McDermott D.: Planning and Acting, Cognitive Science 2, 1978

[35] Paul R.P.: Robot Manipulators: Mathematics, Programming, and Control, The MIT Press, Cambridge, Massachusetts and London, England, 1981

[36] Perl J.: Graphentheorie, Akademische Verlagsgesellschaft, Wiesbaden, 1981

[37] Popplestone R.J.: Specifying Manipulations in Terms of Spatial Relationships, DAI research Paper No 117, International Seminar on Programming Methods and Languages for Industrial Robots, 27 - 29 June, 1979, IRIA Roquencourt, France

[38] Popplestone R.J., Ambler A.P., Bellos I.M.: An interpreter for a language for describing assemblies, DAI research paper No 125, Artificial Intelligence Journal, 1979

[39] Popplestone R.J.: A Language for Specifying Robot Manipulations, DAI research Paper No. 161, Department of Artificial Intelligence, University of Edinburgh

[40] Ramchandani C.: Analysis of Asynchronous Concurrent Systems by Petri Nets, Technical Report, MIT/LCS/TR-120, 1974

[41] Reisig W.: Petrinetze - Eine Einführung, Springer-Verlag, Berlin, 1982

[42] Sacerdoti E.D.: The Nonlinear Nature of Plans, International Joint Conference of Artificial Intelligence, 1975

[43] Sacerdoti E.D.: A Structure for Plans and Behaviour, Elsevier (North-Holland), New York, 1977

[44] Sacerdoti E.D.: Planning in a Hierarchy of Abstraction Spaces, IJCAI-75, 1975

[45] Sata T., Kimura F., Hiraoka H., Suzuki H., Fujita T.: Comprehensive Modelling of a Machine Assembly for Off-line Programming of Industrial Robots, Off-line Programming of Industrial Robots, Storr A., McWaters J.F. (Editors), Elsevier Science Publishers B.V. (North Holland), New York, 1987

[46] Steiner B.: Stand der Montage in Planung und Technik, Diplomarbeit, Universität Karlsruhe, Lehrstuhl und Institut für Werkzeugmaschinen und Betriebstechnik, 1984

[47] Stefik M.J.: Planning with Constraints, Artificial Intelligence 16, 1981

[48] Sussman G.J.: A Computational Model of Skill Acquisition, New York, Elsevier, 1975

[49] Tate A.: Generating Project Networks, International Joint Conference on Artificial Intelligence, 1977

[50] Waldinger R.: Achieving Several Goals Simultanously, Machine Intelligence 8, 1977

[51] Wells M.D.: Elements of Combinatorial Computing, Pergamon Press, 1971

[52] Werling G.: Entwurf und Implementierung eines Graphik-Editors zur Modellierung dreidimensionaler Szenen, Diplomarbeit, Universität Karlsruhe, Institut für Prozeßrechentechnik und Robotik, 1988

[53] Weule H., Friedmann Th.: Rechnergestützte Produktanalyse in der Montageplanung, VDI-Z Bd.129 (1987)

[54] Winston P.H.: Artificial Intelligence, Addison-Wesley, 1984

[55] Whitney D.E., De Fazio Th., Gustavson R.E., Graves S.C., Cooprider K., Klein C.J., Mancheung L., Suguna P.: Computer-aided Design of Flexible Assembly Systems, CDSL-R-2033, 1988

Informatik — Fachberichte

Band 163: H. Müller, Realistische Computergraphik. VII, 146 Seiten. 1988.

Band 164: M. Eulenstein, Generierung portabler Compiler. X, 235 Seiten. 1988.

Band 165: H.-U. Heiß, Überlast in Rechensystemen. IX, 176 Seiten. 1988.

Band 166: K. Hörmann, Kollisionsfreie Bahnen für Industrieroboter. XII, 157 Seiten. 1988.

Band 167: R. Lauber (Hrsg.), Prozeßrechensysteme '88. Stuttgart, März 1988. Proceedings. XIV, 799 Seiten. 1988.

Band 168: U. Kastens, F. J. Rammig (Hrsg.), Architektur und Betrieb von Rechensystemen. 10. GI/ITG-Fachtagung, Paderborn, März 1988. Proceedings. IX, 405 Seiten. 1988.

Band 169: G. Heyer, J. Krems, G. Görz (Hrsg.), Wissensarten und ihre Darstellung. VIII, 292 Seiten. 1988.

Band 170: A. Jaeschke, B. Page (Hrsg.), Informatikanwendungen im Umweltbereich. 2. Symposium, Karlsruhe, 1987. Proceedings. X, 201 Seiten. 1988.

Band 171: H. Lutterbach (Hrsg.), Non-Standard Datenbanken für Anwendungen der Graphischen Datenverarbeitung. GI-Fachgespräch, Dortmund, März 1988, Proceedings. VII, 183 Seiten. 1988.

Band 172: G. Rahmstorf (Hrsg.), Wissensrepräsentation in Expertensystemen. Workshop, Herrenberg, März 1987. Proceedings. VII, 189 Seiten. 1988.

Band 173: M. H. Schulz, Testmustergenerierung und Fehlersimulation in digitalen Schaltungen mit hoher Komplexität. IX, 165 Seiten. 1988.

Band 174: A. Endrös, Rechtsprechung und Computer in den neunziger Jahren. XIX, 129 Seiten. 1988.

Band 175: J. Hülsemann, Funktioneller Test der Auflösung von Zugriffskonflikten in Mehrrechnersystemen. X, 179 Seiten. 1988.

Band 176: H. Trost (Hrsg.), 4. Österreichische Artificial-Intelligence-Tagung. Wien, August 1988. Proceedings. VIII, 207 Seiten. 1988.

Band 177: L. Voelkel, J. Pliquett, Signaturanalyse. 223 Seiten. 1989.

Band 178: H. Göttler, Graphgrammatiken in der Softwaretechnik. VIII, 244 Seiten. 1988.

Band 179: W. Ameling (Hrsg.), Simulationstechnik. 5. Symposium. Aachen, September 1988. Proceedings. XIV, 538 Seiten. 1988.

Band 180: H. Bunke, O. Kübler, P. Stucki (Hrsg.), Mustererkennung 1988. 10. DAGM-Symposium, Zürich, September 1988. Proceedings. XV, 361 Seiten. 1988.

Band 181: W. Hoeppner (Hrsg.), Künstliche Intelligenz. GWAI-88, 12. Jahrestagung. Eringerfeld, September 1988. Proceedings. XII, 333 Seiten. 1988.

Band 182: W. Barth (Hrsg.), Visualisierungstechniken und Algorithmen. Fachgespräch, Wien, September 1988. Proceedings. VIII, 247 Seiten. 1988.

Band 183: A. Clauer, W. Purgathofer (Hrsg.), AUSTROGRAPHICS '88. Fachtagung, Wien, September 1988. Proceedings. VIII, 267 Seiten. 1988.

Band 184: B. Gollan, W. Paul, A. Schmitt (Hrsg.), Innovative Informations-Infrastrukturen. I.I.I. – Forum, Saarbrücken, Oktober 1988. Proceedings. VIII, 291 Seiten. 1988.

Band 185: B. Mitschang, Ein Molekül-Atom-Datenmodell für Non-Standard-Anwendungen. XI, 230 Seiten. 1988.

Band 186: E. Rahm, Synchronisation in Mehrrechner-Datenbanksystemen. IX, 272 Seiten. 1988.

Band 187: R. Valk (Hrsg.), GI – 18. Jahrestagung I. Vernetzte und komplexe Informatik-Systeme. Hamburg, Oktober 1988. Proceedings. XVI, 776 Seiten.

Band 188: R. Valk (Hrsg.), GI – 18. Jahrestagung II. Vernetzte und komplexe Informatik-Systeme. Hamburg, Oktober 1988. Proceedings. XVI, 704 Seiten.

Band 189: B. Wolfinger (Hrsg.), Vernetzte und komplexe Informatik-Systeme. Industrieprogramm zur 18. Jahrestagung der GI, Hamburg, Oktober 1988. Proceedings. X, 229 Seiten. 1988.

Band 190: D. Maurer, Relevanzanalyse. VIII, 239 Seiten. 1988.

Band 191: P. Levi, Planen für autonome Montageroboter. XIII, 259 Seiten. 1988.

Band 192: K. Kansy, P. Wißkirchen (Hrsg.), Graphik im Bürobereich. Proceedings, 1988. VIII, 187 Seiten. 1988.

Band 193: W. Gotthard, Datenbanksysteme für Software-Produktionsumgebungen. X, 193 Seiten. 1988.

Band 194: C. Lewerentz, Interaktives Entwerfen großer Programmsysteme. VII, 179 Seiten. 1988.

Band 195: I. S. Bátori, U. Hahn, M. Pinkal, W. Wahlster (Hrsg.), Computerlinguistik und ihre theoretischen Grundlagen. Proceedings. IX, 218 Seiten. 1988.

Band 197: M. Leszak, H. Eggert, Petri-Netz-Methoden und -Werkzeuge. XII, 254 Seiten. 1989.

Band 198: U. Reimer, FRM: Ein Frame-Repräsentationsmodell und seine formale Semantik. VIII, 161 Seiten. 1988.

Band 199: C. Beckstein, Zur Logik der Logik-Programmierung. IX, 246 Seiten. 1988.

Band 200: A. Reinefeld, Spielbaum-Suchverfahren. IX, 191 Seiten. 1989.

Band 201: A. M. Kotz, Triggermechanismen in Datenbanksystemen. VIII, 187 Seiten. 1989.

Band 202: Th. Christaller (Hrsg.), Künstliche Intelligenz. 5. Frühjahrsschule, KIFS-87, Günne, März/April 1987. Proceedings. VII, 403 Seiten. 1989.

1989.

Band 203: K. v. Luck (Hrsg.), Künstliche Intelligenz. 7. Frühjahrsschule, KIFS-89, Günne, März 1989. Proceedings. VII, 302 Seiten. 1989.

Band 204: T. Härder (Hrsg.), Datenbanksysteme in Büro, Technik und Wissenschaft. GI/SI-Fachtagung, Zürich, März 1989. Proceedings. XII, 427 Seiten. 1989.

Band 205: P. J. Kühn (Hrsg.), Kommunikation in verteilten Systemen. ITG/GI-Fachtagung, Stuttgart, Februar 1989. Proceedings. XII, 907 Seiten. 1989.

Band 206: P. Horster, H. Isselhorst, Approximative Public-Key-Kryptosysteme. VII, 174 Seiten. 1989.

Band 207: J. Knop (Hrsg.), Organisation der Datenverarbeitung an der Schwelle der 90er Jahre. 8. GI-Fachgespräch, Düsseldorf, März 1989. Proceedings. IX, 276 Seiten. 1989.

Band 208: J. Retti, K. Leidlmair (Hrsg.), 5. Österreichische Artificial-Intelligence-Tagung, Igls/Tirol, März 1989. Proceedings. XI, 452 Seiten. 1989.

Band 209: U. W. Lipeck, Dynamische Integrität von Datenbanken. VIII, 140 Seiten. 1989.

Band 210: K. Drosten, Termersetzungssysteme. IX, 152 Seiten. 1989.

Band 211: H. W. Meuer (Hrsg.), SUPERCOMPUTER '89. Mannheim, Juni 1989. Proceedings, 1989. VIII, 171 Seiten. 1989.

Band 212: W.-M. Lippe (Hrsg.), Software-Entwicklung. Fachtagung, Marburg, Juni 1989. Proceedings. IX, 290 Seiten. 1989.

Band 213: I. Walter, Datenbankgestützte Repräsentation und Extraktion von Episodenbeschreibungen aus Bildfolgen. VIII, 243 Seiten. 1989.